职业院校
立体化精品
系列规划教材

中英文打字

U0196127

韩素华 司晓露 ◎ 主编
阎旗 李国强 孙彬 ◎ 副主编

人民邮电出版社
北　京

图书在版编目（CIP）数据

中英文打字 / 韩素华，司晓露主编. -- 北京：人民邮电出版社，2013.6
职业院校立体化精品系列规划教材
ISBN 978-7-115-31672-1

Ⅰ. ①中… Ⅱ. ①韩… ②司… Ⅲ. ①汉字信息处理－输入－高等职业教育－教材②英文－输入－高等职业教育－教材 Ⅳ. ①TP391.14

中国版本图书馆CIP数据核字(2013)第083253号

内 容 提 要

本书主要讲解键盘与指法、英文输入、中文输入法基础、智能 ABC 输入法、微软拼音输入法 2010、五笔字型输入法的字根与输入、各种输入法的综合练习和测试，以及其他常见输入法的使用等知识。

本书采用项目式和分任务讲解，每个任务主要由任务目标、相关知识和任务实施 3 个部分组成，然后再进行强化实训。每个项目最后总结了常见疑难解析，并安排了相应的练习和实践。本书着重于对学生实际应用能力的培养，将职业场景引入课堂教学，因此可以让学生提前进入工作的角色。

本书适合作为职业院校文秘专业以及计算机应用等相关专业的教材，也可作为各类社会培训学校相关专业的教材，同时还可供计算机初学者以及打字人员自学参考。

◆ 主　　编　韩素华　司晓露
　　副主编　阎　旗　李国强　孙　彬
　　责任编辑　王　平

◆ 人民邮电出版社出版发行　　北京市丰台区成寿寺路 11 号
　　邮编　100164　　电子邮件　315@ptpress.com.cn
　　网址　http://www.ptpress.com.cn
　　北京七彩京通数码快印有限公司印刷

◆ 开本：787×1092　1/16
　　印张：10　　　　　　　　　　　2013 年 6 月第 1 版
　　字数：240 千字　　　　　　　　2024 年 8 月北京第 12 次印刷

ISBN 978-7-115-31672-1
定价：24.00 元

读者服务热线：(010)81055256　印装质量热线：(010)81055316
反盗版热线：(010)81055315
广告经营许可证：京东市监广登字20170147号

前言 PREFACE

随着近年来职业教育课程改革的不断发展，也随着计算机软硬件日新月异地升级，以及教学方式的不断发展，市场上很多教材的软件版本、硬件型号以及教学结构等很多方面都已不再适应目前的教育和学习。

有鉴于此，我们认真总结教材编写经验，用了2~3年的时间深入调研各地、各类职业教育学校的教材需求，组织了一批优秀的、具有丰富的教学经验和实践经验的作者团队编写了本套教材，以帮助各类职业学校快速培养优秀的技能型人才。

本着"工学结合"的原则，我们在教学方法、教学内容和教学资源3个方面体现出自己的特色。

 ## 教学方法

本书精心设计"情景导入→任务讲解→上机实训→常见疑难解析与拓展→课后练习"5段教学方法。将职业场景引入课堂教学，激发学生的学习兴趣，然后在任务的驱动下，实现"做中学，做中教"的教学理念，最后有针对性地解答常见问题，并通过练习全方位帮助学生提升专业技能。

● **情景导入**：以情景对话方式引入项目主题，介绍相关知识点在实际工作中的应用情况及其与前后知识点之间的联系，让学生了解学习这些知识点的必要性和重要性。

● **任务讲解**：以实践为主，强调"应用"。每个任务先指出要做一个什么样的实例，制作的思路是怎样的，需要用到哪些知识点，然后讲解完成该实例必备的基础知识，最后以步骤详细讲解任务的实施过程。讲解过程中穿插有"操作提示"、"知识补充"和"职业素养"3个小栏目。

● **上机实训**：结合任务讲解的内容和实际工作需要给出操作要求，提供适当的操作思路及步骤提示供参考，要求学生独立完成操作，充分训练学生的动手能力。

● **常见疑难解析与拓展**：精选出学生在实际操作和学习中经常会遇到的问题并进行答疑解惑，通过拓展知识板块，学生可以深入和综合的了解一些应用知识。

● **课后练习**：结合该项目内容给出难度适中的上机操作题，通过练习使学生强化巩固所学知识，起到温故而知新的作用。

 ## 教学内容

本书的教学目标是循序渐进地帮助学生掌握使用计算机进行中英文打字的能力，并能对各种输入法的基本操作快速适应和使用。全书共9个项目，可分为如下几个方面的内容。

● **项目一至项目二**：主要讲解键盘布局、指法分区、英文字母、单词和语句的基本输入等知识。

- **项目三至项目五**：主要讲解常见中文输入法基本操作、状态条的使用、智能ABC输入法的使用以及微软拼音输入法2010的使用等知识。
- **项目六至项目七**：主要讲解王码五笔字型输入法86版的使用、五笔字根分布、拆字原则，以及利用王码五笔字型输入法86版输入键面字、键外字、简码和词组的方法等知识。
- **项目八**：对前面所讲内容进行综合练习和提升，包括综合练习中文单字、综合练习五笔打字、综合测试打字速度等知识。
- **项目九**：进一步拓展介绍目前常用的几种外部输入法的使用方法，包括王码五笔字型输入法98版、搜狗拼音输入法、五笔加加Plus输入法、智能五笔输入法等知识。

 教学资源

本书的教学资源包括以下两方面的内容。

（1）教学资源包

教学资源包中包含各章节实训及习题的操作演示动画、模拟试题库、PPT教案以及教学教案（备课教案、Word文档）四个方面的内容。模拟试题库中含有丰富的关于中英文打字的相关试题，包括填空题、单项选择题、多项选择题、判断题、简答题和操作题等多种题型，读者可自动组合出不同的试卷进行测试。另外，还提供了两套完整模拟试题，以便读者测试和练习。

（2）教学扩展包

教学扩展包中有方便教学的拓展资源，包含教学演示动画和五笔编码速查工具等。

特别提醒：上述第（1）、第（2）教学资源可访问人民邮电出版社教学服务与资源网（http://www.ptpedu.com.cn）搜索下载，或者发电子邮件至dxbook@qq.com索取。

本书由韩素华、司晓露任主编，阎旗、李国强和孙彬任副主编，虽然编者在编写本书的过程中倾注了大量心血，但恐百密之中仍有疏漏，恳请广大读者及专家不吝赐教。

编者
2013年3月

目 录 CONTENTS

附录 149

PART 1

项目一
认识键盘与练习指法

情景导入

阿秀：小白，我发现你打字时总爱看键盘，这样不仅会影响打字速度，而且还会打断输入思路。

小白：那我该如何纠正这一不良打字习惯呢？

阿秀：很简单，你只要牢记主键盘区中每一个键位的分布情况，按照正确的击键指法进行打字即可。

小白：打字跟记忆键位和指法有什么关系呢？

阿秀：只有对键盘了如指掌，同时掌握正确的键位指法，才能实现盲打。否则即使你会打字，也只能边看键盘边打字，一个键一个键地找，那多慢啊！

小白：难怪我的打字速度这么慢！阿秀，你给我讲讲这些知识吧。

阿秀：好，那我们就一起来认识键盘和练习指法。

学习目标

- 掌握键盘的各组成部分
- 熟悉正确的打字姿势和击键要领
- 掌握正确的键位指法

技能目标

- 对字母键在键盘中的分布情况熟记于心
- 掌握正确的指法分区和击键要领
- 保持正确的打字姿势

任务一　看图识键盘

键盘是计算机重要的输入设备，同时也是最主要的文字输入工具之一。无论是向计算机发送指令还是编辑文字，都需要通过键盘来实现。因此，在学习打字之前一定要先了解键盘的构成，下面就来认识一下键盘的结构。

一、任务目标

本任务的目标是掌握键盘结构，了解各按键的作用，学会正确使用键盘。通过本任务的学习，可以为后面练习键盘指法打下坚实的基础。

二、相关知识

键盘由一系列键位组成，每个键位上都标记有一个字母或者数字符号，用以代表这个键位的名称。最早的键盘只有84个键，如今，键盘的种类也越来越多。根据键位总数来划分，可分为101键盘、103键盘、104键盘和107键盘。

目前，最常用的是107键盘，它主要由功能键区、主键盘区、编辑控制键区、数字键区以及状态指示灯区5部分组成，如图1-1所示。下面对各组成部分的功能进行简单介绍。

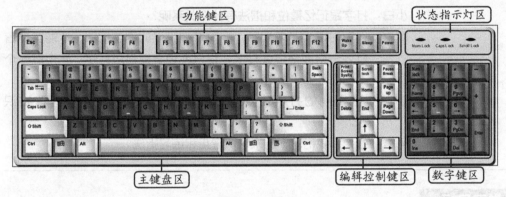

图1-1　107键盘

1．功能键区

功能键区位于键盘的最顶端，其中包括【Esc】键、【F1】～【F12】键和3个特殊功能键，如图1-2所示，各键的作用如下。

图1-2　功能键区

- 【Esc】键：退出键，按该键可退出当前运行环境、终止运行程序或返回原菜单等。
- 【F1】～【F12】键：在不同的应用程序中，各键的功能也有所不同，如按【F1】键，在一般情况下，可以快速打开软件的帮助文档。
- 【Wake Up】键：恢复键，按该键可使计算机从睡眠状态恢复到可操作状态。
- 【Sleep】键：休眠键，按该键可使计算机处于睡眠状态，以节省电源。
- 【Power】键：电源键，按该键可快速关闭计算机电源。

2．主键盘区

主键盘区位于功能键区的下方，同时也是键盘上最重要且使用最频繁的一个区域。该区域包括字母键、数字键、符号键、控制键等，共有61个键位，如图1-3所示。

图1-3　主键盘区

- **字母键**：每个字母键的键面上分别印有从"A"到"Z"的大写英文字母，当按下某个字母键时，就可以输入相应的英文字母。
- **数字和符号键**：数字和符号键的键面均由上下两种字符组成，称为双字符键。其中，上面的符号称为上挡字符，下面的数字称为下挡字符。直接按键可输入下挡字符，若要输入上挡字符，则需同时按住【Shift】键。
- **控制键**：包括▦键、▦键、▦键、▦键、▦键等，各键的功能如表1-1所示。

表 1-1　控制键的功能

主键盘区的键位	各键位的名称	各键位的作用
Tab	制表定位键	编辑文本时，每按一次该键，鼠标光标自动向右移动 8 个字符的距离
Caps Lock	大小写锁定键	按下该键进入"大写锁定"状态，可连续输入大写字母；再次按该键，则切换为小写字母输入状态
⇧Shift	转换键	默认输入小写字母时，按【Shift】键的同时再按字母键便可输入大写字母；该键与其他控制键组合使用，可实现快捷键的作用，如按【Ctrl+Shift】组合键，可快速切换输入法
Ctrl	控制键	位于主键盘区中的左、右两侧，在不同的工作环境中其具体功能也有所不同，该键一般不单独使用，需要与其他键组合使用
▦	Win 键	按该键后将打开"开始"菜单，与 ▦开始 按钮的作用相同
▤	右键菜单键	按该键后将打开相应的快捷菜单，其作用与单击鼠标右键相同
Back Space	退格键	用于删除鼠标光标左侧的一个字符，同时鼠标光标将自动向左移动一个字符的距离
↵Enter	回车键	按该键表示开始执行所输入的命令，但在输入文字时，则表示光标移至下一行，即换行操作

知识补充

主键盘区中最长的键称为【Space】键，主要用于输入空格。在中文输入法输入汉字时，按该键表示编码输入结束。

3．编辑控制键区

编辑控制键位于主键盘区和数字键区的中间，如图1-4所示。该区域包含13个键位，各键位的作用如下。

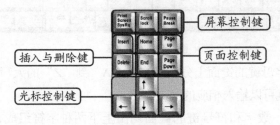

图1-4　编辑控制键区

- 【Print Screen Sys Rq】键：拷屏键，按该键可打印或复制屏幕上的内容。
- 【Scroll Lock】键：屏幕锁定键，按该键后，将会停止屏幕滚动；再次按该键，便可取消屏蔽锁定状态。
- 【Pause Break】键：暂停键，按该键可暂停当前正在运行的程序文件。
- 【Insert】键：插入键，按该键可以在插入和改写字符状态之间进行切换。
- 【Home】键：起始键，按该键可将光标移至当前行的开始处。
- 【End】键：终点键，按该键可将光标移动到当前行的结尾。
- 【Page Up】键：向前翻页键，按该键可显示当前页的上一页信息。
- 【Page Down】键：向后翻页键，按该键可显示当前页的下一页信息。
- 【Delete】键：删除键，按该键可删除光标右侧的一个字符，同时被删除字符右侧的字符将自动左移一个字符位置。
- 【↑】【←】【↓】和【→】键：光标移动键，用于将光标向4个不同的方向移动。

4．数字键区

数字键区又称为小键盘区，主要功能是快速输入数字。该键区由双字符键、符号键、【Enter】键等组成，共17个键位，如图1-5所示。

图1-5　数字键区

数字键区中有部分键为双字符键，上挡字符用于输入数字和小数点，下挡字符具有光标控制和切换编辑状态等功能。上下挡字符的切换由【Num Lock】键来实现，按下该键时，指示灯区中的"Num Lock"指示灯亮，此时可输入上挡字符；再次按该键，"Num Lock"灯熄灭，此时可输入下挡字符。

5．状态指示灯区

状态指示灯区位于主键盘区的右上角，共有3个指示灯，分别用于提示键盘的工作状态。其中"Num Lock"灯亮时表示可使用小键盘区输入数字，"Caps Lock"灯亮时表示按字母键时输入的是大写字母，"Scroll Lock"灯亮时表示屏幕处于锁定状态。

三、任务实施

在记事本程序中，通过输入文本"Word 2003"来认识键盘的各个分区，并熟悉部分控制键的使用方法。其具体操作如下。

STEP 1 选择【开始】/【所有程序】/【附件】/【记事本】菜单命令，启动记事本程序，按数字键区的【Num Lock】键，点亮状态指示区中的"Num Lock"指示灯。

STEP 2 分别按数字键区中的数字键"2"、"0"和"3"，在记事本中显示的鼠标光标处输入数字"2003"，如图1-6所示。

STEP 3 连续按4次编辑控制键区中的【←】光标移动键，将当前鼠标光标向左移动4个字符，如图1-7所示。

图1-6 利用小键盘输入数字

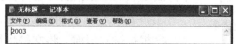

图1-7 调整鼠标光标的位置

STEP 4 按主键盘区中的【Caps Lock】键，点亮状态指示区中的"Caps Lock"灯，然后按字母键【W】，输入大写字母"W"，如图1-8所示。

STEP 5 再次按主键盘区中的【Caps Lock】键，熄灭状态指示区中的"Caps Lock"灯，然后依次按字母键【O】、【R】和【D】，输入小写字母"ord"，如图1-9所示。

图1-8 输入大写英文字母

图1-9 输入小写英文字母

STEP 6 按空格键，在字母"d"之后输入一个空格。

STEP 7 按编辑控制键区中的【End】键，将当前鼠标光标移至此行行尾，最后按【Enter】键换行，如图1-10所示。

STEP 8 按功能键区中的【F5】键，在新行中插入当前计算机显示的日期，效果如图1-11所示。

图1-10 移动鼠标光标后换行

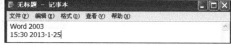

图1-11 利用功能键快速插入当前计算机时间

STEP 9 按【Ctrl+S】组合键，在打开的"另存为"对话框中保存输入的文本内容。

操作提示

当英文字母处于小写输入状态时，按【Shift+字母】组合键，可输入该字母的大写字母；当英文字母处于大写输入状态时，按【Shift+字母】组合键，可输入该字母的小写字母。

任务二 练习键盘指法

进行文字输入操作时，为了以最快的速度敲击键盘上的每一个键位，需要对双手的手指进行严格分工。下面详细介绍手指的具体分工情况。

一、任务目标

本任务的目标是掌握正确的键位指法，即明确双手手指具体负责敲击的键位。通过本任务的学习，可以做到规范和轻松击键的目的。除此此外，经过有效的记忆和科学的练习，还能达到"运指如飞"的效果。

职业素养　盲打是指输入文字时，不看屏幕、不看键盘、只看文稿，充分发挥手指触觉能力的一种打字方式。盲打是作为打字员的基本要求，练习盲打的最基本方法是熟记键盘指法。进行盲打之前还应做好以下工作。

①将要输入的文稿浏览一遍，把文章中字迹模糊的地方读顺。

②根据输入习惯，将文稿尽量放在方便眼睛观看的地方。

③聚精会神、全神贯注，不受外界干扰。

二、相关知识

键盘操作是一项技巧性很强的工作，若想在计算机操作过程中达到快速且准确输入的效果，还要养成良好的打字姿势和正确的键盘指法等习惯。

1．正确的打字姿势

打字之前一定要端正坐姿，千万不要忽略坐姿的重要性，正确的打字姿势不仅能提升打字速度，保护视力，还有利于身心健康。对于长期操作计算机的用户而言，保持正确的打字姿势显得尤为重要。正确的打字坐姿如图1-12所示，其具体要求如下。

图1-12　正确的打字姿势

● **坐姿要求**：双腿平放，将重心置于椅子上；背部挺直，贴住背靠椅；身体略微向前倾，人体与键盘的距离保持约20cm。

● **臂、肘和手腕要求**：双手、肘、肩放松，肘与腰部的距离为5~10cm；打字者两肘悬空，手腕平放，手指自然下垂，轻放在键盘基准键位上，左手拇指放在【Space】键上。

● **桌椅要求**：最好使用专用的计算机桌椅，椅子选择能调节高度的转椅。桌子的高度以到达自已胸部为准。

2．正确的键盘指法

了解正确的打字姿势后，在操作键盘之前首先应该学习键盘的操作规则，即双手10个手指的具体分工。

（1）基准键位

基准键位是指主键盘区正右中央的8个键位：【A】、【S】、【D】、【F】、【J】、【K】、【L】和【;】键，其中【F】键和【J】键面上各有一凸起的小横杠，便于盲打时手指通过触觉定位。使用键盘指法击键之前，双手需要按指定规则分别放在基准键位上，如图1-13所示。当击键完成后，手指应立即退出到基准键位上，以便快速进行下一次击键。

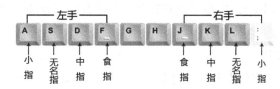

图1-13　基准键位的手指分工

（2）键位的手指分工

使用键盘时，除8个基准键位外，剩余键位的击键操作都进行了严格的规定，如图1-14所示。每个键位都应由规定的手指进行敲击，这样有利于熟练操作键盘。

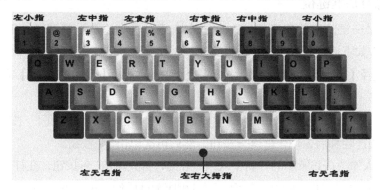

图1-14　其他键位的手指分工

知识补充

对于经常使用小键盘区的用户而言，在使用小键盘输入数字时，可由右手的5个手指来负责输入操作，具体分工如表1-2所示。

表1-2　小键盘指法分区

对应手指	敲击键位	对应手指	敲击键位
右手大拇指	【0】	右手食指	【7】、【4】、【1】
右手无名指	【*】、【9】、【6】、【3】、【.】	右手小指	【-】、【+】、【Enter】
右手中指	【/】、【8】、【5】、【2】		

3．击键要领

若想准确、快速地输入文字，击键时除了掌握击键要领外，还应学会正确的击键方法，击键要领包括以下几点。

● 手指自然弯曲，轻轻放在基准键位上，手臂不可张开太大。

● 击键时要用手指工作，不要用手腕动作。

● 手指击键要正确、轻松和自然，击键力度要适中，击键完毕后立即返回基准键位。

● 击键速度要均匀，要有节奏感，初学时可尽量慢一点，关键是要用正确的指法。

● 空格键用大拇指负责击打，初学者一定要养成这一良好习惯。

（1）基准键的击法

敲击【S】键的方法为：将双手手指轻放在基准键位后，提起左手约离键盘2cm，向下击键时无名指向下弹击【S】键，其他手指同时稍向上弹开即可完成击键操作。其他键的敲击方法与此类似，可以尝试击打。

（2）非基准键的击法

例如，敲击【O】键的方法为：提起右手约离键盘2cm，然后整个右手稍向前移，同时用无名指向下弹击【O】键，同一时间其他手指稍向上弹开，击键后右手4个手指迅速回基准键位，注意左手在整个击键过程中保持不动。

三、任务实施

（一）练习基准键位

基准键位是击键的重要参考位置，通过本次练习可快速熟悉基准键位的位置和键盘指法。其具体操作如下。

STEP 1 选择【开始】/【所有程序】/【金山打字通】/【金山打字通】菜单命令，启动金山打字通2013。

STEP 2 进入"金山打字通2013"的主界面，单击其中的"新手入门"按钮🐾，在打开的登录界面中创建昵称后，单击 登录 按钮，然后再次单击🐾按钮。

STEP 3 进入如图1-15所示的"新手入门"界面，首先单击 📖 按钮，在打开的页面中依次单击 下一页 ➡ 按钮来了解基本的打字常识，通过相应测试后便可进入下一关"字母键位"。

图1-15 "新手入门"界面

STEP 4 默认从基准键位开始练习，将左手食指放在【F】键上，右手食指放在【J】键上，其余手指分别放在相应的基准键位上，然后根据当前练习窗口上方显示的蓝色键位进行正确击键练习，如图1-16所示。

图1-16 基准键位练习

STEP 5 在练习过程中要严格遵循正确的键位指法，各个手指要各司其职，不能越权代劳。练习完成后，系统会提示您已完成"基准键位"练习，现在已进入下一课字样，如图1-17所示。继续敲击对应的蓝色键位可练习下一课的内容，也可关闭窗口退出练习。

图1-17 完成基准键位练习

（二）练习上排键位

熟悉基准键位后，继续在"字母键位"界面中练习输入位于基准键位上方的一排键位。练习过程中禁止看键盘，要坚持盲打，其具体操作如下。

STEP 1 在"字母键位"界面中练习完基准键位和中排键位后，系统将自动进入"上排键位"练习课程。

STEP 2 根据当前练习窗口上方显示的蓝色键位进行正确击键，如图1-18所示。在击键过程中，注意体会基准键位与上排键位之间的距离。

STEP 3 完成练习，直至速度达到100字/分钟，正确率达到98%后，才可进入下一课继续练习其他键位。

图1-18 上排键位练习

进行字母键位练习时，若想反复练习其中的某一个课程，可单击界面右上角的绿色按钮①进行课程选择。需要注意的是，只有练习了相应课程后，该课程对应的按钮才会显示绿色，否则显示为白色。

操作提示

（三）练习下排键位

下排键位往往比上排键位更难练习，在击键过程中可能会出现手指偏移基准键位的情况。此时应放慢输入速度，力求每一个键位都是按正确的指法进行输入。下面继续在"字母键位"界面中练习下排键位，其具体操作如下。

STEP 1 在"字母键位"界面中练习完"上排键位"课程后，系统将自动进入"下排键位"练习课程。

STEP 2 根据当前练习窗口上方显示的蓝色键位进行正确击键，如图1-19所示。在击键过程中，注意体会基准键位与下排键位之间的距离。完成击键操作后，双手手指速度应立即返回基准键位。

STEP 3 反复练习，直至速度达到100字/分钟，正确率达到98%后，才可进入下一课继续练习其他键位。

图1-19 下排键位练习

（四）分指练习

熟悉10个手指在键盘上的分工后，为了进一步巩固键盘指法，下面将进行分指练习，即依次练习左右手的食指、中指、无名指和小指。其具体操作如下。

STEP 1 启动金山打字通2013后，进入"新手入门"界面，单击其中的"字母键位"按钮。

STEP 2 进入"字母键位"练习界面后，单击课程选择按钮⑤。

STEP 3 根据当前练习窗口上方显示的蓝色键位进行左手食指键位练习，如图1-20所示。击键过程中，注意体会手指伸出的距离与角度。

图1-20 左手食指键位练习

STEP 4 练习完左手食指键位后，继续进行右手食指键位练习。

STEP 5 完成所有指法练习直至最终达到输入速度100字/分钟，正确率达到100%。

知识补充

"字母键位"练习界面的右下角有3个按钮，从左到右依次为"从头开始"按钮 ↺、"暂停"按钮 ❚❚ 和"测试模式"按钮 ▤，各按钮的含义如下。

- ↺按钮：单击该按钮可将当前练习模式恢复至初始状态，然后从头开始重新进行键位练习。
- ❚❚按钮：单击该按钮可暂停练习状态，再次单击该按钮则可重新开始练习。
- ▤按钮：单击该按钮将进入过关测试界面，根据界面内容进行录入操作，一旦达到过关条件，系统将自动进入下一关。

（五）练习大、小写指法

大、小写通常是针对字母键而言，下面练习所有的字母键，包括大小写字母，练习过程中注意结合【Caps Lock】键或【Shift】键输入大写字母。其具体操作如下。

STEP 1 选择【开始】/【所有程序】/【附件】/【记事本】菜单命令，启动记事本程序。

STEP 2 不看键盘，按照正确的键位指法和击键要领，在鼠标光标闪烁处输入如图1-21所示的大、小写英文字母。

```
robot  everything  paper  use  fewer  less  pollution  tree  BUILDINF  astronaut  rocket
space  STATION  fly  took  moon  fall  fell  FALL IN LOVE  alone  pet  probably  suit
BE ABLE TO  unpleasant  scientist  IN THE FUTURE  HUNDREDS OF  already  make  factory
simple  such  bored  EVERYWHERE  human  shape  huge  earthquake  snake  possible  electric
toothbrush  seem  impossible  HOUSEWORK  rating  style  OUT OF STYLE  could  ticket  surprise
ON THE PHONE  PAY FOR  either  bake  tutor  original  STYLE  haircut  EXCEPT
```

图1-21　大、小写字母综合输入练习

STEP 3 输入过程中，可根据输入习惯选择大小写输入法的切换方式，一般以按【Caps Lock】键为宜。

（六）练习数字键位

数字键位分布在主键盘区和小键盘区两个区域，对于经常使用小键盘的用户而言，可以专门针对小键盘进行数字键位的输入练习。下面将在金山打字通2013的"新手入门"模块中进行数字键位练习，其具体操作如下。

STEP 1 启动金山打字通2013后，在"新手入门"界面中单击"数字键位"按钮 ▦ 。

STEP 2 进入"数字键位（主键盘）"练习界面后，根据当前练习窗口上方显示的蓝色键位进行数字键位练习，如图1-22所示。

STEP 3 练习完主键盘区中的数字键位后，系统会打开一个提示窗口，单击 是 按钮将进入测试界面，单击 否 按钮将继续练习数字键位，这里单击 否 按钮。

图1-22　主键盘中的数字键位练习

STEP 4 单击"数字键位（主键盘）"练习界面右下角的"小键盘"按钮🔲。

STEP 5 进入"数字键位（小键盘）"练习界面后，根据当前练习窗口上方显示的蓝色键位进行数字键位练习，如图1-23所示。

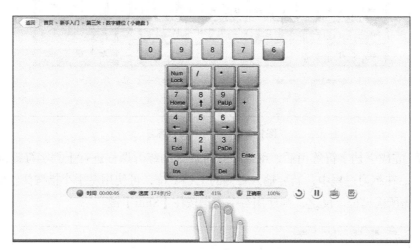

图1-23　小键盘中的数字键位练习

STEP 6 完成"数字键位"所有规定练习课程后，可在打开的提示窗口中单击 ▢ 按钮进入测试界面，根据测试窗口显示内容进行数字键位测试输入，如图1-24所示。

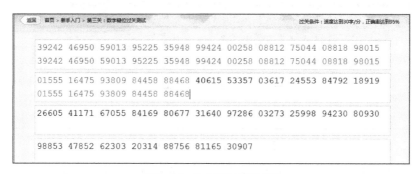

图1-24　数字键位测试界面

（七）练习符号键位

中英文标点符号也是打字过程中不可缺少的元素之一，下面将通过金山打字通2013讲解难度更大的双挡字符的录入操作，当需要输入上挡字符时，注意灵活使用主键盘中的两个【Shift】键。其具体操作如下。

STEP 1 启动金山打字通2013后，在"新手入门"界面中单击"符号键位"按钮 ▮▮ 。

STEP 2 进入"符号键位"练习界面后，根据当前练习窗口上方显示的蓝色键位首先进行下挡字符键位练习，如图1-25所示。

图1-25　下挡字符键位练习

STEP 3 完成下挡字符练习后，继续按系统规定的练习课程进行上挡字符键位练习，如图1-26所示。在练习过程中，若要输入右侧的上挡字符，可使用左手小指按住左侧【Shift】键的同时敲击所需键位。反之，则使用右手小指按住【Shift】键。

图1-26　上挡符号键位练习

STEP 4 完成所有符号键位的练习后，可进入测试界面检测练习成果。

（八）综合练习

练习完金山打字通2013规定课程后，对键盘上各键位的布局已基本掌握，同时对键位指法也能熟练运用。此时，便可进行键位综合练习，其具体操作如下。

STEP 1 启动金山打字通2013后，在"新手入门"界面中单击"字母键位"按钮 。

STEP 2 进入"字母键位"练习界面后，单击课程选择按钮⑥。

STEP 3 根据当前练习窗口上方显示的蓝色键位进行键位综合练习，如图1-27所示。在击键过程中，注意保持正确的打字姿势和键位指法。

图1-27 键位综合练习

实训一 高级键位练习

【实训要求】

完成正确的键位练习课程后，对键盘上各键位的布局已基本掌握，同时对键位指法也能熟练运用。此时，便可在写字板程序中输入如图1-28所示的综合键位，要求输入速度达到60字/分钟以上，错误率不超过2%。

1. With the help of　under the leadership / care of　2. be strict with sb　be strict in sth.　3. at present=at the present time
4. in the sun/sunshine　under the sun　5. lie in　lie on　lie to　6. at least　in the least　7. By name　in the name of
8. in the air　on the air　9. in the way　in a way　get one's own way to do　give way　lose one's way　by the way
Come this way　10. at the corner　in the corner　on the corner　11. judge by / from　judge for oneself　12. at the end (of)
at the beginning of　at the back of　at the age of　13. In the course of　in the eyes of　in the face of　in the middle of
14. on the eve of　on the side of　15. after a time = after some time　16. behind time　behind the times　17. At no time
in no time　18. at one time = once time　at a time = each time　at times = sometimes　19. for a moment　for the moment
at the moment　the moment /minute /instance　20. once or twice　more than onc　once more　21. under age / discussion

图1-28 综合练习

【实训思路】

首先调整好打字姿势，然后启动写字板程序，最后严格按照前面学习的键位指法进行录入练习。对于文档中的数字字符，可直接利用小键盘进行输入，这样可提高输入速度。

【步骤提示】

STEP 1 选择【开始】/【所有程序】/【附件】/【写字板】菜单命令，启动写字板程序。

STEP 2 按【Ctrl+Shift】组合键，将当前输入状态切换为"英文"，然后输入如图1-28所示字符内容。在输入过程中尽量不看键盘，训练盲打，并注意每个单词之间的空格可利用【Space】键进行输入。需要换行时可直接敲击【Enter】键。

实训二 键位输入游戏

【实训要求】

在金山打字通2013中试玩打字游戏"拯救苹果"，在玩游戏的过程中可进一步提高对各键位的熟悉程度，同时还可以锻炼用户的反应能力，增强打字兴趣。不要求输入速度，但要保证正确率为100%。

【实训思路】

本实训可综合运用前面所学的键盘指法知识进行输入，在玩的过程中要严格按规范进行手指分工，若对各键位的位置和指法已经非常熟悉，则可进行盲打。

【步骤提示】

STEP 1 进入金山打字通2013主界面后，单击右下角的 打字游戏 按钮，然后在"打字游戏"界面中单击"拯救苹果"超链接。

STEP 2 待系统成功安装该游戏后将自动进入游戏界面，单击 开始 按钮开始游戏，此时苹果会不断从树上往下掉，只有正确敲击苹果上显示的字母键后，苹果才会落入竹篮，如图1-29所示，否则苹果将掉在地面上。

图1-29 "拯救苹果"游戏

STEP 3 游戏结束后将打开提示对话框，单击 ▇▇▇▇ 或 ▇▇▇▇ 按钮可继续下一关游戏，如果要退出，单击 ▇▇▇ 按钮即可。

常见疑难解析

问：学习电脑打字应该选择何种类型的键盘？

答：随着计算机技术的不断发展，目前键盘的种类很多，但大多数用户都使用107键盘，而且本书也以107键盘为例进行详解。因此，建议用户使用107键盘。当然，根据实际的使用需求，用户也可选择101键盘、103键盘、104键盘等其他类型。

问：为何在小键盘区中不能输入数字，只能看到鼠标光标在页面上移动？

答：这是由于状态指示区中的"Num Lock"指示灯处于关闭状态，此时小键盘区中各个按键的功能由数字状态变为编辑状态，即移动光标功能。若想输入数字，只需按【Num Lock】键，将状态指示区中的"Num Lock"指示灯点亮，即可输入相应的数字。

拓展知识

1. 如何提高击键速度

击键速度与打字速度密切相关，掌握提高击键速度的方法不仅能提升打字速度，还不易产生疲劳感。提高击键速度有以下几种方法供大家参考。

● 击键时的主要用力部位是手指关节，反复练习以加强手指敏感度。

● 手指对键位的冲击力要合适，速度也要快，同时要保持敲击而不是按键。

● 训练眼、脑、手三者之间的传递速度，它们之间的时间差越小，击键速度就越快。

● 反复练习，找到适合自己的击键频率，感觉打字时的内在节奏。

2. 主键盘上的数字训练技巧

最好在掌握字母键的键位指法后，再进行主键盘上的数字键位练习，由于双手由始至终都放在字母键的中排键位上，当敲击上排或下排键位时，手指再作上下移动，因此始终是以中间排键位为基点进行小范围的移动。如要敲击主键盘上的数字键位，由于中间隔了一排，从而导致手指移动距离变大，击键准确率下降，如果已经对字母键非常熟悉，那手指就会做准确移动，此时，再做数字键训练难度就相对较小。

课后练习

（1）在主键盘区中，将各手指负责敲击的键位填入后面的括号中。

左手小指负责敲击的键位（   ）

左手无名指负责敲击的键位（   ）

左手中指负责敲击的键位（   ）

左手食指负责敲击的键位（ ）

右手食指负责敲击的键位（ ）

右手中指负责敲击的键位（ ）

右手无名指负责敲击的键位（ ）

右手小指负责敲击的键位（ ）

两个大拇指负责敲击的键位（ ）

（2）通过前面字母键位、数字键位和符号键位的反复练习后，金山打字通2013会自动记忆输入错误的键位，进一步加深错误键位的位置和正确的击键指法。下面在金山打字通2013中进行纠错，其具体操作如下。

STEP 1 启动金山打字通2013，在其主界面中单击"新手入门"按钮 。

STEP 2 进入"新手入门"界面后单击"键位纠错"按钮 。

STEP 3 进入"键位纠错"练习界面后，根据当前练习窗口上方显示的蓝色键位输入曾在练习过程中输入错误的键位，如图1-30所示。

图1-30 键位纠错练习

（3）在写字板程序中输入如图1-31所示综合键位，不要求输入速度，但要保证正确的打字姿势和准确的指法分工来完成此次训练。

```
abcdefghiglkmnopqrstuvwxyzgfdsahjklm;yuiop
trewqnvcx6./.-1234[]-==\`~@#*()nnyioncdee
imko.,wsxdecik,efrvjumyhntgv3082510974_+{
}n$**)$%@^nir_|!$#.;,.)%!~$nmweisxdi{<NM
}[]':?<#*&i3520987;6543210~=\';/,.0[@4246
```

图1-31 综合键位输入练习

PART 2

项目二
练习英文输入

情景导入

小白：阿秀，我现在已经完全掌握键盘布局和指法规范了，什么时候能教我打字？

阿秀：不要着急，打字可分为英文打字和中文打字两种方式，今天我们就先从最简单的英文打字开始学习。

小白：那真是太好了，我平时就特别喜欢英文打字，尤其在学会正确的键位指法后，每天都会坚持练习输入英文字母。

阿秀：没想到你这么喜欢打字，并且为自己奠定了一定的打字基础，那么，我们就从输入单词开始学习，然后再练习文章输入。

小白：好的，我已经迫不及待了。

学习目标

● 掌握英文单词的输入方法
● 掌握英文文章的输入方法
● 熟悉测试英文打字的具体操作

技能目标

● 能够快速输入英文单词
● 对英文文章的输入速度不能低于50字/分钟
● 能选择不同方式进行打字速度测试

任务一 练习输入英文单词

键位指法练习主要是提高用户对键盘的熟悉程度和指法的应变能力，为了进一步提升英文字母的综合输入能力，下面将进行英文单词的输入练习。

一、任务目标

严格按照正确的键位指法进行单词输入练习，通过本任务的学习，力求使单词输入速度达到100字/分钟，错误率控制在2%以内。

二、相关知识

金山打字通2013是一款功能齐全、数据丰富、集打字练习和测试于一体的打字软件，该软件只有完成任务才能过关进级。完成"新手入门"模块的学习后，下面开始学习"英文打字"模块。

1．英文打字模块

启动金山打字通2013后，在其主界面中单击 按钮，便可进入"英文打字"界面，如图2-1所示。其中包括单词练习、语句练习和文章练习3部分，各部分的含义简单介绍如下。

图2-1　"英文打字"模块

● **单词练习**：其中收集了最常用单词、小学英语单词、初中英语单词、高中英语单词以及大学英语单词等词汇，通过练习可以加强对英文词汇的了解。

● **语句练习**：其中收集了最常用英语口语词汇。

● **文章练习**：其中收集了小说、散文和笑话等不同类型的英文文章，用户可以根据自己的需要进行选择练习。

2．英文单词输入技巧

在日常工作或生活中，经常会遇到输入英文单词的情况，如发邮件、聊QQ、逛论坛等。为了准确且快速地输入所需单词，可按以下方法进行输入操作。

● 双手手指放于基准键位，并保持手腕悬空。

● 坚持盲打，切忌弯腰低头，不要将手腕和手臂靠在键盘上。

● 遇到大小写字母混合输入的情况，可直接利用【Shift】键快速输入大写英文字母。

三、任务实施

（一）练习单词课程

金山打字通2013提供了从小学到大学的不同类型的单词词库，用户可以在练习单词输入的同时，加强对英文词汇的了解。下面将在金山打字通2013中练习单词输入，输入过程中要严格按照前面所学的键盘指法知识来执行，并最终达到100字/分钟的输入速度。其具体操作如下。

STEP 1 选择【开始】/【所有程序】/【金山打字通】/【金山打字通】菜单命令，启动金山打字通2013软件。

STEP 2 在主界面中单击"英文打字"按钮，进入"英文打字"界面，单击其中的"单词练习"按钮，如图2-2所示。

图2-2 单击"单词练习"按钮

STEP 3 进入"单词练习"窗口，根据窗口上显示的单词进行击键练习，如图2-3所示。窗口下方会自动显示练习时间、速度、进度、正确率等信息，以便用户根据这些数据来了解练习成果。

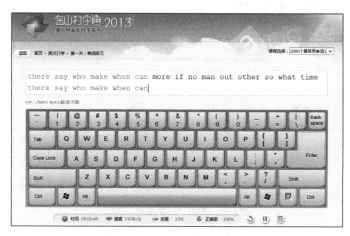

图2-3 练习输入英文单词

STEP 4　练习完默认单词课程后，系统将自动打开一个提示对话框，单击其中的 [是] 按钮表示继续练习其他课程，单击 [否] 按钮则表示停止练习，这里单击 [是] 按钮，如图2-4所示。

STEP 5　在打开的窗口中继续进行常用单词练习，如图2-5所示，直至输入速度达到100字/分钟时，才停止单词练习。

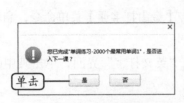

图2-4　进入下一课练习　　　　　　　　图2-5　练习其他单词课程

操作提示　在练习过程中，若按键错误，将在下方键盘图的相应键位上显示"×"，此时可按键盘上的【Back Space】键删除光标左侧的错误字符，然后根据练习窗口中显示的蓝色键位重新输入正确的字符。

（二）练习单词输入游戏

完成单词课程练习后，继续在金山打字通2013中试玩打字游戏，通过玩游戏可以检验用户对键位的熟悉程度和输入单词的能力。下面将试玩"激流勇进"游戏，其具体操作如下。

STEP 1　在"英文打字"模块的"单词练习"窗口中单击"首页"超链接，返回金山打字通2013的主界面，然后单击右下角的 [打字游戏] 按钮，如图2-6所示。

图2-6　单击"打字游戏"按钮

STEP 2　进入"打字游戏"窗口后，单击"激流勇进"超链接，待游戏成功下载完成后，再次单击"激流勇进"超链接，进入"激流勇进"游戏的起始界面，如图2-7所示。

图2-7　"激流勇进"游戏开始界面

STEP 3　单击 开始 按钮，开始游戏。此时，河面上会按一定方向水平漂动3层荷叶，并且每个荷叶上都有一个单词，用户需按顺序敲击3层荷叶上的任意一个单词，只有成功敲对所有单词后才能将青蛙送过河，如图2-8所示。

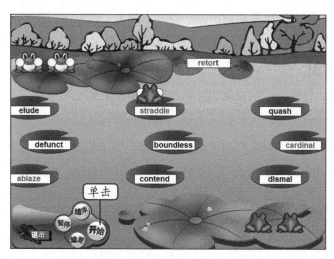

图2-8　开始"激流勇进"游戏

STEP 4　成功将荷叶上的5只青蛙运送过河后，将打开通关成功的提示对话框，如图2-8所示。单击 继续 按钮，可继续玩该游戏；单击 下一关 按钮，将自动进入难度等级相对较高的游戏环节，其运送规则仍然保持不变；单击 结束 按钮，则可停止游戏。

操作提示

　　　　在"激流勇进"游戏中，一旦开始敲击荷叶上的单词后，就不能再敲击该层中另一个荷叶上的单词，只有按【Esc】键取消对该单词的选择后，才能再次敲击同一层中的其他单词。除此之外，青蛙只能垂直跳跃而不能水平跳跃，即在3层荷叶中，只要敲对每层荷叶上的单词，便可敲击下一层中的任意一个单词。

在"激流勇进"游戏开始之前，可单击游戏起始界面中的 按钮，在打开的"功能设置"对话框中选择练习词库和游戏难度，各参数含义如下。

● **"选择课程"下拉列表框**：单击该下拉列表框右侧的下拉按钮，在打开的下拉列表框中包含了各阶段词汇表的名称，每个词汇表都是一个独立的课程，用户可根据实际需求选择要练习的课程。

● **"难度等级"滑块**：在控制滑块上按住鼠标左键不放，沿左右方向拖曳鼠标可设置游戏难度等级，该游戏的最高等级为9级。

任务二 练习输入英文文章

文章练习是为了更快地提高英文打字的整体水平。通过文章练习，不仅可以快速掌握各种常用单词，还能把握英文短语的输入节奏，最终实现快速输入的目的。下面将介绍英文文章练习的具体操作方法。

一、任务目标

本任务将在金山打字通2013软件中完成。在进行英文文章输入练习时，一定要严格按照正确的键盘指法进行输入，切忌随意击键。通过本任务，可以练习正确的键盘指法，这对于以后快速打字操作十分必要，除此之外还能大幅度提升英文文章的输入速度。

二、相关知识

在金山打字通2013中，可以根据实际需求选择或自定义练习文章，下面分别介绍其具体操作方法。

1．选择练习课程

在金山打字通2013的"英文打字"模块中，可以依次进行单词、语句和文章练习，同时，该软件还提供了大量的练习课程供用户选择。方法为：进入金山打字通2013相应练习模块后，在打开的"课程选择"下拉列表框中选择需要练习课程，如图2-9所示。

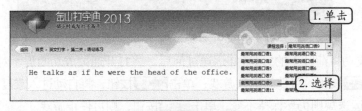

图2-9 选择要练习的课程

与以往版本的金山打字软件有所不同，金山打字通2013中设置了全新任务关卡练习模式，只有完成给定任务才能过关进级。例如，在"英文打字"模块中，首先只能进行单词练习，当练习完规定课程或是通过测试条件后，才能进入下一关"语句练习"。该模式对"拼音打字"和"五笔打字"模块同样适用。

2．自定义练习文章

如果金山打字通2013本身提供的练习课程不能满足实际的工作或学习需求，用户可以将自己喜欢的文章或是工作中经常用到的内容添加到相应的练习模块中进行专门训练。

自定义练习文章与选择练习文章的方法类似，首先选择自定义课程的保存位置，然后在"选择课程"下拉列表框中单击 自定义课程 按钮，并在显示的列表框中单击 ✚ 添加 按钮，打开"课程编辑器"对话框后，在其中设置好课程内容和名称，如图2-10所示，最后单击 保存 ⮕ 按钮完成自定义设置。

图2-10　自定义练习文章

三、任务实施

（一）练习文章课程

文章练习课程分为默认课程和自定义课程两种类型，下面将在"英文打字"模块的第三关——文章练习中自定义名为"THE Tiger AND THE Mouse"的练习文章，然后对新添加的文章进行练习。在练习时打字姿势要正确，尽量不看键盘，最终达到100字/分钟，正确率98%以上。其具体操作如下。

STEP 1　启动金山打字通2013，进入其主界面后单击"英文打字"按钮 🖱 。

STEP 2　进入"英文打字"界面后，单击"文章联系"按钮 🖹 ，如图2-11所示。

图2-11　进入"文章练习"模块

STEP 3　在"文章练习"界面中默认自动显示系统提供的练习课程，此时，可单击"课

程选择"下拉列表框右侧的下拉按钮，在打开的下拉列表框中单击 自定义课程 按钮，如图2-12
所示。

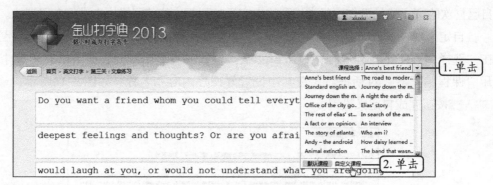

图2-12　单击"自定义课程"按钮

STEP 4 在展开的列表框中单击 + 添加 按钮或"立即添加"超链接。

STEP 5 打开"课程编辑器"对话框，在空白区域输入要练习的课程内容，然后在"课程名称"文本框中输入文章标题，最后单击 保存 按钮，如图2-13所示。

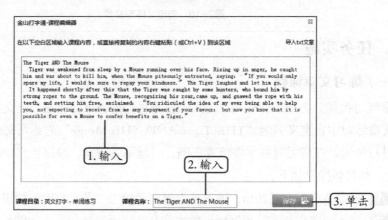

图2-13　自定义练习课程

STEP 6 此时，系统将自动打开保存课程成功提示对话框，单击 确定 按钮即可。

知识补充

在自定义课程内容时，除了采用直接输入、复制和粘贴方法外，还可以利用导入文本文件的方式来实现。操作方法为：在"课程编辑器"对话框中单击"导入txt文章"超链接，打开"选择文本文件"对话框，在其中选择要添加的格式为".txt"的课程后，单击 打开(O) 按钮。返回"课程编辑器"对话框，设置课程名称后依次单击 保存 和 确定 按钮即可成功添加自定义课程。

STEP 7 返回"课程选择"下拉列表框，其中自动显示了新添加的文章"The Tiger AND The Mouse"，如图2-14所示，单击文章标题选择该课程。

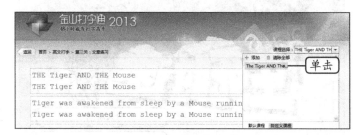

图2-14 选择新添加的课程

STEP 8 进入文章练习模式，保持正确坐姿后，严格按照前面学习的键盘指法进行文章输入练习，如图2-15所示，直到达到练习要求。

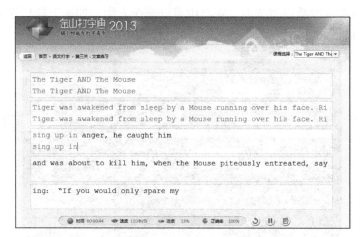

图2-15 练习自定义课程

（二）练习文章输入游戏

　　熟悉英文文章的输入节奏后，为了增强英文打字的趣味性，下面将玩金山打字通2013提供的文章输入游戏"生死时速"，以此来检验用户对英文文章的输入能力。练习过程中禁止看键盘，坚持盲打，其具体操作如下。

STEP 1 在"英文打字"模块的"文章练习"窗口中单击"首页"超链接，返回金山打字通2013的主界面，然后单击右下角的 打字游戏 按钮。

STEP 2 进入"打字游戏"窗口后，单击"生死时速"超链接，待游戏成功下载完成后，再次单击"生死时速"超链接。

知识补充

　　"生死时速"是角色扮演类游戏，分为单人游戏和双人游戏两种类型。在单人游戏中，用户可以选择角色或加速工具来练习文章，然后根据输入栏内的文章输入正确的字母就能让所选角色沿道路前进；而双人游戏首先需要选好角色，然后再连接互联网后才能开始游戏，游戏中，谁的打字速度快，谁就能获胜。

STEP 3 进入"生死时速"游戏的开始界面，单击 单人游戏 按钮，如图2-16所示。

图2-16 "生死时速"游戏开始界面

STEP 4 进入游戏参数设置界面，在其中可以选择人物、加速工具和练习文章，这里选择警察、自行车和"chinese film"文章，然后单击 开始 按钮，如图2-17所示。

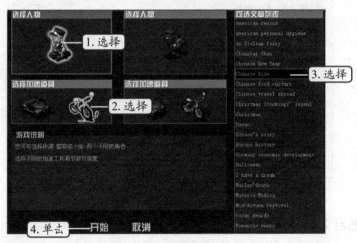

图2-17 设置游戏参数

STEP 5 开始游戏，根据提示栏中显示的文章，按照正确的键盘指法输入对应的字母或标点符号，此时，所选角色将会沿着道路前进，如图2-18所示。当警察追上小偷后，游戏胜利。反之，游戏失败。

图2-18 开始"生死时速"游戏

任务三 测试英文打字速度

完成所有英文打字练习后，为了进一步了解打字水平，可以利用金山打字通软件进行速度测试。经常测试速度，能快速提高打字成绩。

一、任务目标

本任务将进行英文打字速度测试，检验是否已经达到初级文字输入人员的基本标准，即100字/分钟，正确率98%以上。通过本例的学习，进一步提升文字输入能力，同时加强对英文文章的了解。

职业素养

在进行英文测试之前，可以通过以下几点准备工作来提升测试速度。

①每次打字之前，先互相摩擦手掌，然后伸展手指、手掌以及手腕，以此增强手指的灵活性。

②键盘要低于肘，不需要往上弯。

③打字时手腕要保持悬空状态，只有停止打字时才可将手腕完全放下。

二、相关知识

金山打字通2013的打字测试功能，可将用户的打字速度与正确率以曲线的形式进行直观显示，让打字水平一目了然。打字测试方式分为在线对照测试和屏幕对照测试两种，用户可根据自己的喜好进行选择。下面将分别介绍各测试方式的使用方法。

● **在线对照测试**：是将预先设定好的文章显示在"金山快快打字测试"网页中，用户只需对照网页内容进行在线输入测试即可。完成测试后，网页将自动给出相应的测试成绩，包括测试时间、正确率、速度以及打字速度峰值等分析统计结果。

● **屏幕对照测试**：是将金山打字通2013的默认测试文章显示在"打字测试"窗口中，用户对照屏幕内容进行输入测试。完成测试后，软件会自动打开进步曲线图，以便用户了解自己的打字水平。本测试模拟了实际应用中对照指定文章输入英文的情况。

三、任务实施

（一）在线对照测试

在线对照测试只能输入规定文章，并且每次测试的文章都不会相同。下面将通过金山打字通2013软件进行在线英文打字测试，完成后查看测试结果。其具体操作如下。

STEP 1 启动金山打字通2013，进入主界面后单击右上角的账户名，这里单击 xiuxiu 账户，在打开的下拉列表中单击"设置"按钮✿，然后在展开的列表中单击"打字测试"按钮◉，如图2-19所示。

STEP 2 此时，系统将自动启动IE 8浏览器，并打开"金山快快打字测试_百度应用"网页，单击其中的"测试英文打字"按钮，如图2-20所示。

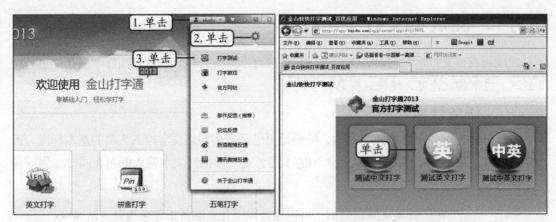

图2-19 单击"打字测试"按钮   图2-20 准备测试英文打字

STEP 3 进入英文打字测试页面,根据网页显示的规定文章,正确输入相应的字母和标点。系统将从输入的第一个符号开始计时,记录相应的打字速度和正确率,如图2-21所示。

图2-21 进行英文打字测试

STEP 4 文章输入完成后,单击网页右上角的 交卷>> 按钮,打开如图2-22所示的测试成绩分析统计网页,通过该网页可以了解此次测试的详细结果。

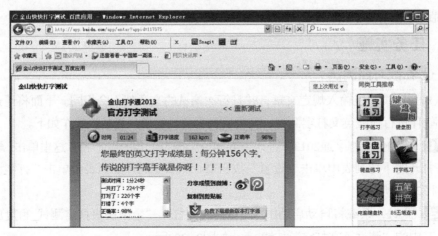

图2-22 查看测试成绩

操作提示 在打字测试结果网页中，单击 🔴 按钮，可将最终打字成绩分享到自己的新浪微博；单击 🅿 按钮，可将打字成绩分享到腾讯微博。如果对打字成绩不满意，还可以单击该网页中的 << 重新测试 按钮，重新测试打字速度。

（二）屏幕对照测试

屏幕对照测试允许用户选择测试课程，并可在测试过程中进行暂停、从头开始和删除等操作。下面将测试英文文章"dream"的输入速度，其具体操作如下。

STEP 1 启动金山打字通2013，打开其主界面，单击 打字测试 按钮，如图2-23所示。

图2-23 单击"打字测试"按钮

STEP 2 进入"打字测试"窗口，选中"英文测试"单选项，单击"课程选择"下拉列表框右侧的下拉按钮，在打开的下拉列表中的"默认课程"选项卡中选择"dream"课程，如图2-24所示。

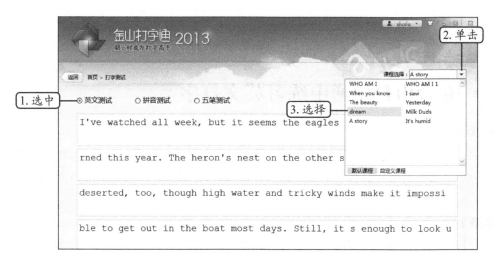

图2-24 选择需要测试的英文课程

STEP 3 返回"打字测试"窗口，开始文章输入练习，如图2-25所示。遇到上挡字符时，可利用【Shift】键进行辅助输入。

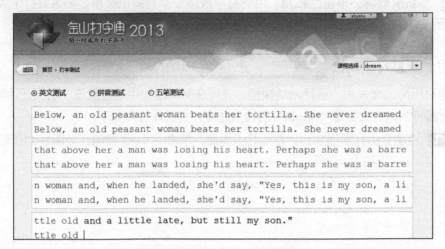

图2-25 开始测试英文打字速度

STEP 4 文章输入完成后，自动打开如图2-26所示的成绩分析统计结果。

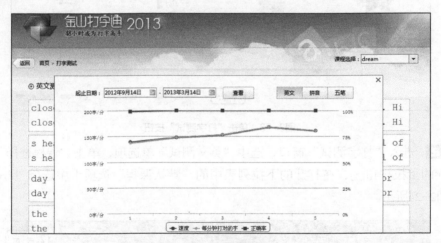

图2-26 查看测试结果

实训一 在金山打字通中练习英文打字

【实训要求】

在金山打字通2013中进行英文打字练习，要求英文文章输入速度最终实现120字/分钟，正确率为100%。如果对于英文打字不太熟悉，可先从单词开始练习，然后再依次练习语句和文章。

【实训思路】

在金山打字通2013的"英文打字"模块中依次进行单词、语句和文章练习。如果已经对单词或语句非常熟悉，并且能达到一定的输入速度，则可直接跳级进行文章练习，直至达到要求的打字速度。

【步骤提示】

STEP 1 启动金山打字通2013，进入其主界面后，单击"英文打字"按钮。

STEP 2 进入"英文打字"窗口，单击"单词练习"按钮，打开"单词练习"窗口。

STEP 3 在"课程选择"下拉列表框中选择适合自己的练习课程后，返回"单词练习"窗口，开始单词输入练习，如图2-27所示。

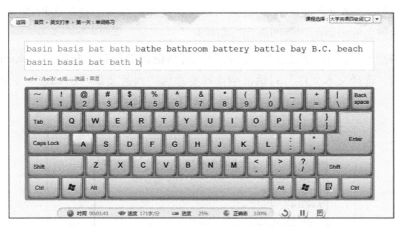

图2-27　单词输入练习

STEP 4 达到练习要求后，系统会自动跳转到下一关，然后按相同方法继续进行语句和文章练习，直至达到规定要求。在练习过程中，还可单击"测试模式"按钮，进入"过关测试"窗口，对照窗口所示内容输入对应英文后，可快速检测用户对此关的熟悉情况。

实训二　测试商务英文E-mail输入速度

【实训要求】

在金山打字通2013中测试如图2-28所示的商务英文文章的输入速度，在测试过程中要严格按照正确的键盘指法进行操作，同时坚持盲打。要求打字速度为110字/分钟，正确率为100%。

Dear Mr. Abby

We were glad to learn from your letter of June 15 that you like the quality and the designs of the captioned goods. As you know, we are operating in a highly competitive market in which we have been forced to cut our prices to the minimum. If it were not for a large order from you, one of our regular customers, we could not have quoted for our new brand supplies even at the ones you mentioned.

After consulting with our manufacturer of "Kindra Circle" brand tubes and tires, we feel it necessary to point out that owing to the growing application of rubber in industry, the cost of raw material for making tubes and tires is rising rapidly. And in order to maintain a high image of the beat quality rubber products, new techniques being adopted for our new brand products have also added to higher prices. We appreciate how you are placed because of long-term contracts , but unfortunately we can't do so by lowering the quoted prices to the degree you suggested.

Enclosed is our newly issued brochure and a recent report from one of our customers. We believe you will agree with the customer's description: "The superior performance and the materials used justify their slightly higher prices." Being dealers in the field of rubber industry for more than ten years, we feel confident that the reliability and longevity of our "Kindra Circle" brand tubes and tires will definitely make your purchase a sound investment.

catherine

June 16

图2-28　测试商务英文文章

【实训思路】

本实训首先要将商务文章添加到"打字测试"模块中的"英文测试"课程中，然后选择新添加的课程，最后再严格按规范进行手指分工。出现击键错误时，可用右手小指敲击【Back Space】键删除后重新输入正确字母，以此保证正确率。

【步骤提示】

STEP 1 启动金山打字通2013，进入其主界面后单击 打字测试 按钮。

STEP 2 选中"英文测试"单选项，然后在"课程选择"下拉列表框中单击 自定义课程 按钮，在打开的列表框中单击"立即添加"超链接。

STEP 3 打开"金山打字通-课程编辑器"对话框，单击右上角的"导入txt文章"超链接，在打开的"选择文本文件"对话框中选择要添加的商务文章"E-mail"（素材参见：素材文件\项目二\实训二\E-mail.txt），单击 打开(0) 按钮，如图2-29所示。

图2-29　添加自定义课程内容

STEP 4 返回"金山打字通-课程编辑器"对话框，在"课程名称"文本框中输入"E-mail"，然后单击 保存 按钮。

STEP 5 在打开的提示对话框中单击 确定 按钮，将自定义课程成功保存至目标位置。

STEP 6 返回"课程选择"下拉列表框中的"自定义课程"列表中，单击课程名称"E-mail"，开始文章输入测试，如图2-30所示。

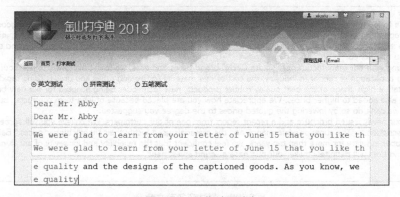

图2-30　屏幕对照测试

常见疑难解析

问：金山打字通中有没有更多有趣的打字游戏呢？

答：金山打字游戏具有体积小、好玩有趣和使打字练习事半功倍等优点。除经典且好玩的激流勇进、生死时速、太空大战、拯救苹果等游戏外，还可以在"打字游戏"窗口中单击"查看更多"超链接，在打开的金山打字通的"打字游戏"网页中试玩其他在线打字游戏，如键盘打字、堆杯子等。

问：为什么格式为doc的文本不能添加到自定义课程？

答：金山打字通2013只能导入格式为.txt的文本，对于其他格式的文本，可采用以下两种方式将其添加到自定义课程中。

● **复制文本**：打开"金山打字通-课程编辑器"对话框，然后打开要添加的文本，直接单击鼠标右键将复制的内容粘贴到对话框中的空白区域。

● **转换文本格式**：打开要添加的文本，采用复制和粘贴方式将文本内容添加到记事本程序中，保存文本即可；或直接利用文本格式转换器，将doc格式的文本转换为txt格式。

拓展知识

1. 如何查看打字成绩的全球排名

在金山打字通2013中，可以查看全球打字成绩排名。方法为：单击金山打字通2013主界面右上角的账户名，在打开的下拉列表框中单击 绑定WPS账号 按钮，在打开的对话框中输入对应的WPS账户和密码，单击 绑定 按钮。此时，再次单击主界面中的账户名，即可查看总成绩全球排名。

2. 英文打字训练流程

学习英文打字不能只追求速度，还因保证其正确率。此外，通过科学的训练流程还能快速掌握输入英文的技能，达到事半功倍的效果。英文打字训练流程如图2-31所示。

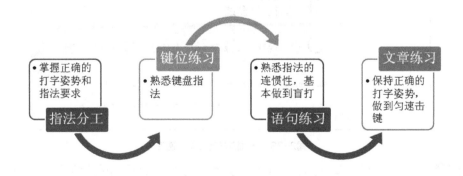

图2-31 英文打字训练流程

课后练习

（1）在金山打字通2013中进行英文文章输入练习，练习内容可以是自定义文章，也可以是默认文章。要求：在整个练习过程中保持正确的打字姿势和指法并坚持盲打，最后达到100字/分钟，正确率为100%的过关条件。步骤提示如下。

STEP 1 进入金山打字通2013的"英文打字"界面后，单击"文章练习"按钮▓。

STEP 2 在"课程选择"下拉列表框中选择要练习的文章后，开始文章输入练习，如图2-32所示。

STEP 3 反复练习，直到达到规定的过关条件。

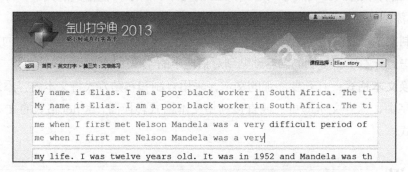

图2-32　通过文章练习综合应用能力

（2）利用金山快快软件，在线测试英文打字速度，然后将最终测试结果分享至腾讯微博。需要注意的是，在整个测试过程中不能暂停。因此，要高度提升注意力，避免影响打字速度。步骤提示如下。

STEP 1 进入金山打字通2013主界面后，在右上角的账户下拉列表中单击"设置"按钮✿，在展开列表中单击"打字测试"按钮◎。

STEP 2 打开"金山快快打字测试"网页，单击其中的▣按钮，进入测试页面，根据提示栏中的英文，按照正确的指法进行快速输入，如图2-33所示。

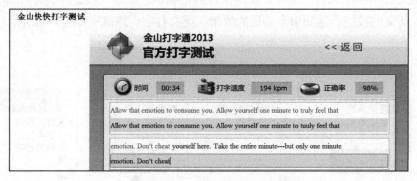

图2-33　在线测试英文输入速度

STEP 3 完成测试后，单击网页右上角的 **交卷 >>** 按钮。查看测试成绩后，单击网页中的
◙按钮，将分析结果分享给微博好友。

项目三
初识中文输入法

情景导入

阿秀：通过上一章对英文输入的练习，是不是觉得自己可以更加熟练地使用键盘了呢？

小白：是的。但是我想输入中文来进一步练习一下打字速度，这样在平时工作、学习和生活中也更加适用。

阿秀：没问题，接下来我就会教你怎样进行中文输入。通过学习，你不仅可以掌握中文输入法的基本知识，还能掌握中文输入法的添加、删除和选择操作，更能熟练使用各种中文输入法输入需要的中文文本、标点符号和特殊字符。

小白：那太好了！我一定要认真学习，争取能在最短的时间内学会中文输入操作，这样就能利用计算机与朋友和家人交流了。

阿秀：好的，下面我们就进入这次的学习内容吧。

学习目标

● 掌握中文输入法的各种基本操作
● 掌握中文输入法状态条的使用方法

技能目标

● 掌握中文输入法的切换、添加和删除操作
● 了解软键盘的使用方法
● 掌握利用状态条输入标点符号和特殊符号的操作

任务一 中文输入法的基本操作

中文输入法是实现在计算机中输入中文字符的必备工具，也是输入正确中文字符的基本规范。掌握好键盘结构和英文输入的方法，并不表示可以熟练地进行中文字符的输入，要想达到这一目标，还须对中文输入法的基本操作有所认识和了解。

一、任务目标

本任务的目标是了解汉字编码分类的依据、中文输入法中涉及的全角与半角字符的含义，认识Windows XP操作系统自带的中文输入法和其他常用输入法，以及掌握中文输入法的选择、切换、添加、删除等操作。

二、相关知识

在对中文输入法进行相关管理和操作之前，应具备认识汉字编码分类、了解全角与半角字符和熟悉各种常用中文输入法的能力。

1. 汉字编码分类

汉字编码指在计算机中用来代替该汉字的英文字母序列，不同的中文输入法依据的汉字编码分类原则是不相同的。归纳起来，目前最常用的汉字编码分类方式有音码分类、形码分类、音形码分类等几种。

- **音码分类**：此编码方案采用汉语拼音规则对汉字进行编码，如智能ABC输入法、微软拼音输入法等就是采用音码分类方式。音码分类方案的优点在于简单易学，不需要特殊记忆，只要会拼音便可以输入汉字，非常适合初级使用者及入门者使用。另外，这类编码方案也有自身的缺点，即同音字太多，往往需要从一大堆汉字中挑选出需要的汉字（即重码率多），不利于快速输入，也不适合专业文字录入人员使用。

- **形码分类**：此编码方案根据汉字的笔画、部首、字型等信息对汉字进行编码，如五笔字型输入法、表形码输入法、二码输入法等就是采用的形码分类方式。形码分类方案的优点在于：由于形码编码方案与汉字拼音毫无关系，因此形码输入法特别适合有地方口音且普通话发音不准的用户使用。形码输入法的编码方案比较精炼，重码率低，经过一段时间练习后，可以达到很高的输入速度，是目前专业打字员及普通用户使用得最多的编码方案。不过，与音码输入法相比，形码输入法的缺点是很难上手，需要记忆的规则较多，长时间不用就有可能忘记。

- **音形码分类**：此编码方案针对形码与音码方案的优缺点，将二者的编码规则有机结合起来，取其精华，去其糟粕，如自然码输入法、钱码输入法、郑码输入法等就是采用的音形码分类方式。音形码输入法一般采用音码为主、形码为辅的编码方案，其形码采用"切音"法，解决了不认识的汉字的输入问题。比较有代表性的自然码6.0增强版在保持原有的优秀功能外，新增多环境、多内码、多方案、多词库等功能，大大提高了输入速度和输入性能。

2．全角与半角字符

全角指一个字符占用两个标准字符位置，半角则指一个字符占用一个标准字符的位置。默认输入的字母和数字均为半角，直到转换为中文输入法后，其输入的中文文字和中文标点符号才转为全角。换句话说，默认情况下，英文字母（无论大小写）、数字、英文标点符号等都是半角字符，中文文字和中文标点符号则是全角字符，如图3-1所示。

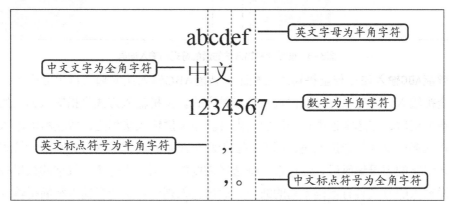

图3-1　全角与半角字符

3．Windows XP自带的中文输入法

Windows XP操作系统自带了多种中文输入法，成功安装该操作系统后，就能正常使用这些中文输入法。下面对其中最常用的全拼输入法、智能ABC输入法和微软拼音输入法进行简单介绍。

● **全拼输入法**：这是一种音码输入法，直接利用汉字拼音字母作为汉字代码，只要输入中文词语的完整拼音，就能在选字框中找到需要的词语。如果该词语不在选字框中，可按键盘上的【＋】键或【－】键对选字框进行翻页处理，直到显示需要的词语后，按该词语左侧对应的数字键位就能将其输入到文档中，如图3-2所示。

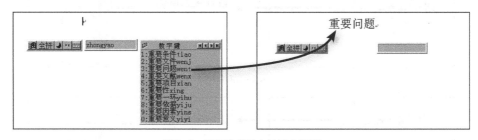

图3-2　利用全拼输入法输入词语

全拼输入法还提供有通配符输入的方式，假设需要输入"挥霍"一词，可在全拼输入法下输入"huihu？"，即利用"？"通配符替代该词语中最后一个"o"字母，这样选字框中将出现所有与前面5个字母相对应的符合条件的词语选项以供选择，如图3-3所示。

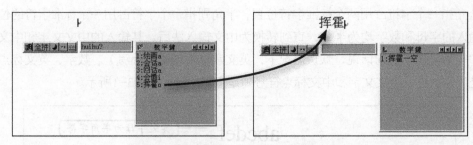

图3-3 使用全拼输入法的通配符规则输入词语

● **智能ABC输入法**：与全拼输入法相比，智能ABC输入法的输入自由度更大，它支持全拼输入、简拼输入、混拼输入等多种方式。全拼输入方式是指输入词语的所有拼音编码后，在选字框中选择需要的内容。与全拼输入法相比，智能ABC输入法可以输入多个汉字的全拼编码，而不局限于两个汉字；简拼输入方式则是指输入词语中各汉字的声母编码后，通过选字框选择需要的词语，不过由于汉字的数量较多，简拼输入的方式具有重码率高的缺点；混排输入则结合了全拼输入和简拼输入两种方式，当需要输入一个二字词语时，可输入第一个汉字的声母编码和第二个汉字的全拼编码，这样既减少了按键次数，又降低了重码率。这几种输入方式的输入效果如图3-4所示。

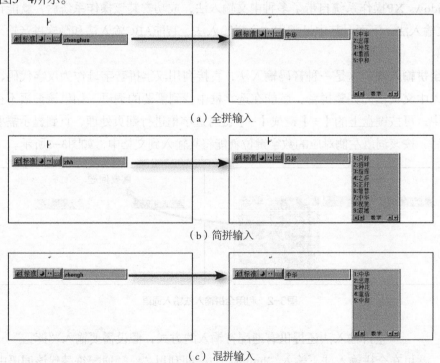

（a）全拼输入

（b）简拼输入

（c）混拼输入

图3-4 智能ABC输入法的各种输入方式

● **微软拼音输入法**：此输入法是集拼音输入、手写输入和语音输入于一体的智能型拼音输入法。与全拼输入法和智能ABC输入法相比，微软拼音输入法在拼音输入时不会同步显示选择框，只有按空格键确认输入后，利用方向键才能重新选择需要的字词，如图3-5所示。确认选择后需再次按空格键取消输入字符下方的虚线才能完成输入。

图3-5　微软拼音输入法的输入方式

4．常用的中文输入法

Windows XP自带的输入法虽然避免了重新安装的烦琐，但功能相比于外部中文输入法而言则逊色不少。因此，实际工作中大部分用户会选择一些外部中文输入法来使用，其中最常用的中文输入法包括搜狗拼音输入法、万能五笔输入法等。

● **搜狗拼音输入法**：搜狗拼音输入法是一款音码输入法，不仅具备全拼输入、简拼输入、混拼输入等方式，还具备模糊音输入和自动记忆常用内容等实用性很强的功能，是目前使用得最多的音码输入法之一。

● **万能五笔输入法**：万能五笔输入法是一款形码输入法，在具备普通五笔输入法所有功能的同时，还支持拼音输入，是目前使用得最多的形码输入法之一。

知识补充　　以上两款输入法均属于外部中文输入法，需要获取其软件的安装程序并安装到计算机上以后才能使用。其安装方法与安装其他软件的步骤类似。

三、任务实施

当操作系统中包含多种中文输入法时，会涉及输入法的选择和切换操作，同时也可随时通过添加和删除中文输入法的操作来对其进行管理。

下面将在通过添加微软拼音输入法、删除全拼输入法以及对多个中文输入法进行选择、切换等操作来具体练习管理中文输入法。其具体操作如下。

STEP 1　在任务栏右侧的输入法图标█上单击鼠标右键，在打开的快捷菜单中选择"设置"命令，如图3-6所示。

STEP 2　打开"文字服务和输入语言"对话框，单击 添加(D)... 按钮，如图3-7所示。

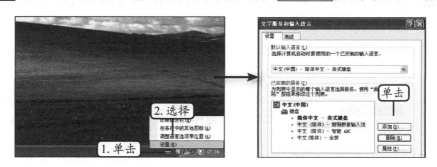

图3-6　设置输入法　　　　　　图3-7　添加中文输入法

STEP 3 打开"添加输入语言"对话框，单击选中"键盘布局/输入法"复选框，在下方的下拉列表框中选择"微软拼音输入法3.0版"选项，单击 <u>确定</u> 按钮，如图3-8所示。

STEP 4 返回"文字服务和输入语言"对话框，此时选择的微软拼音输入法将显示在其列表框中，如图3-9所示。继续选择该列表框中的"中文（简体）-全拼"选项，单击 <u>删除(R)</u> 按钮。

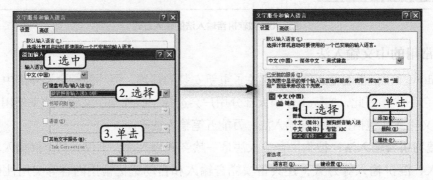

图3-8　选择输入法　　　　　　　　　　图3-9　删除输入法

STEP 5 此时"中文（简体）-全拼"选项将在列表框中消失，代表此项已被删除，单击 <u>确定</u> 按钮即可，如图3-10所示。

STEP 6 打开需输入中文内容的文档软件，这里打开的是Word 2003软件，单击任务栏右侧的输入法图标，在打开的下拉列表中选择"微软拼音输入法3.0版"选项，如图3-11所示。

图3-10　确认设置

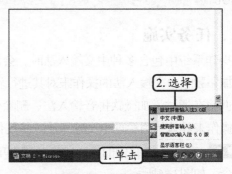

图3-11　切换输入法

STEP 7 此时即可在Word 2003中使用选择的微软拼音输入法输入需要的中文内容，如图3-12所示。

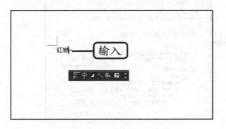

图3-12　输入中文内容

操作提示

按键盘中的【Ctrl+Shift】组合键可在多个中文输入法中循环切换；按【Ctrl+空格】组合键则可在当前中文输入法和英文输入法中循环切换。

任务二 使用中文输入法状态条

与英文输入法相比，每种中文输入法都有其特有的状态条，利用此状态条可以更好地进行中文输入。因此，中文输入法状态条对中文输入的影响是不言而喻的。下面将详细介绍中文输入法状态条的作用和使用方法。

一、任务目标

本任务的目标是通过对中文输入法状态条上各按钮的作用和使用方法的讲解，让读者掌握如何在进行中文输入时，合理地利用状态条辅助输入并提高中文输入效率。

二、相关知识

下面将以Windows XP操作系统自带的智能ABC输入法的状态条为说明对象，介绍该工具的使用方法，其他中文输入法的状态条用法与此类似。

切换到智能ABC输入法后，就可以看到其状态条。如图3-13所示，从左至右的图标名称依次为：中英文状态切换图标、输入方式切换图标、全/半角切换图标、中英文标点切换图标和软键盘开关图标。

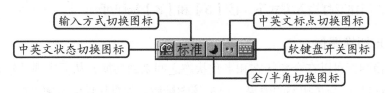

图3-13 智能ABC输入法状态条

1．中英文状态切换图标

中英文状态切换图标可以实现在中文输入和英文输入状态之间来回切换，单击该图标后，如果呈现的是 状态，表示此时可输入中文；若呈现的是 状态，则表示此时可输入英文，如图3-14所示。

图3-14 中英文状态切换图标的用法

2．输入方式切换图标

智能ABC输入法具有标准输入方式和双打输入方式两种状态，其状态条上包含了输入方式切换图标。其他只有一种输入方式的中文输入法，其状态条上不会显示此图标。

仅对于智能ABC输入法而言，输入方式切换图标可以实现在标准输入方式和双打输入方式之间来回切换，单击该图标后，如果呈现的是 标准 状态，表示此时可在标准状态下利用全拼输入、简拼输入或混拼输入等方式输入中文；若呈现的是 双打 状态，则表示可利用智能

ABC输入法的双打功能输入中文，如图3-15所示。

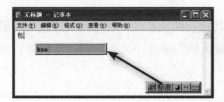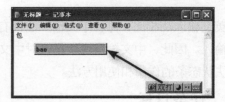

图3-15　输入方式切换图标的用法

所谓双打，实际上就是双拼，首先为键盘上的每个字母键定义汉语拼音中的声母或韵母，然后通过敲击两次键位来快速实现中文的输入。

智能ABC输入法中各字母键位定义的汉语拼音分别如下：

A(zh) B(ou) C(in,uai) D(ua,ia) E(ch) F(en) G(eng) H(ang) I(i) J(an) K(ao) L(ai) M(ue,ui) N(un) O(uo) P(uan) Q(ei) R(iu,er) S(ong,iong) T(uang,iang) U(u) V(sh,ü) W(ian) X(ie) Y(ing)Z(iao)。

因此，在标准输入方式下输入"包"，需要按【B】、【A】和【O】键，而在双打输入方式下，按【B】和【K】键即可。

3．全/半角切换图标

全/半角切换图标可以在全角状态和半角状态之间来回切换，从而实现让输入的字母、数字或英文标点符号成全角状态的效果。单击该图标后，如果呈现的是 ◗ 状态，表示此时以半角状态输入；若呈现的是 ● 状态，则表示此时以全角状态输入，如图3-16所示。

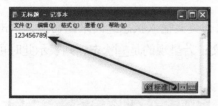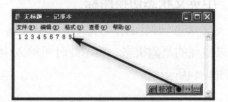

图3-16　全/半角切换图标的用法

直接按键盘上的【Shift+空格】组合键可快速实现在全角和半角状态之间的来回切换。

4．中英文标点切换图标

中英文标点切换图标可以实现随时控制所输入的标点符号是中文状态或英文状态。单击该图标后，如果呈现的是 ┉ 状态，表示此时以中文标点符号的状态输入；若呈现的是 ┉ 状态，则表示此时以英文标点符号的状态输入，如图3-17所示。

需要注意的是，如无特殊规定和要求，应严格按照中英文输入规则的规定选择正确的标点符号状态，如中文的句号为"。"，英文的句号为"."，不可无故随意更改样式。

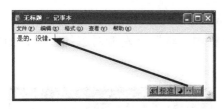

图3-17　中英文标点切换图标的用法

5. 软键盘开关图标

软键盘实际上是一个模拟键盘，其出现在界面中，可通过单击相应的键位区域在文档中输入对应的内容或符号。

单击智能ABC输入法状态条上的软键盘开关图标▦，就可在打开软键盘和关闭软键盘之间进行切换。另外，如果在软件开关图标▦中单击鼠标右键，在打开的快捷菜单中选择某个命令后，即可设置软键盘上显示的各种内容的类别。图3-18所示为选择数字序号类别后软键盘显示的界面。

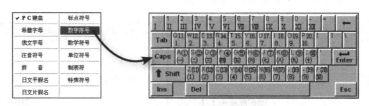

图3-18　显示相应符号类别的软键盘

操作提示　　如需输入软键盘中某个键位中的符号，按住【Shift】键的同时单击对应的键位即可。

三、任务实施

掌握智能ABC输入法的输入规则以及其状态条的作用后，下面将使用此输入法在记事本中输入一则简单的日记，以此练习智能ABC输入法全拼输入、简拼输入、混拼输入以及软键盘等功能的使用。其具体操作如下。

STEP 1　启动记事本，按【Ctrl+Shift】组合键切换到智能ABC输入法，使任务栏右侧出现该输入法对应的图标，如图3-19所示。

STEP 2　利用数字键依次输入"2013"，如图3-20所示。

图3-19　切换输入法　　　　　　　　　　图3-20　输入数字

STEP 3 输入"年"字的所有拼音编码"nian"，如图3-21所示。

STEP 4 按空格键打开选字框，观察选字框中"年"字左侧对应的数字，如图3-22所示。

图3-21 全拼输入   图3-22 选择汉字

STEP 5 由于该字对应的数字为"1"，因此可按【1】键或直接按空格键输入，如图3-23所示。

STEP 6 继续利用数字键和全拼方式输入剩余日期内容，然后按【Tab】键输入制表符（用于控制距离的特殊符号），如图3-24所示。

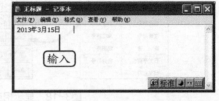

图3-23 完成输入   图3-24 输入制表符

STEP 7 输入"星期五"3个字中第1个字的声母和后两个字的全部拼音"xqiwu"，如图3-25所示。

STEP 8 按空格键打开选字框，其中显示的便是所需的中文内容，如图3-26所示。

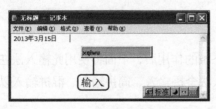
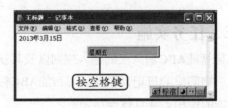

图3-25 混拼输入   图3-26 选择汉字

STEP 9 直接按空格键将其输入到记事本中，如图3-27所示。

STEP 10 按【Tab】键哟用全拼方式输入制表符和"雨"字，如图3-28所示。

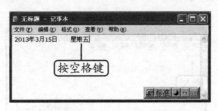
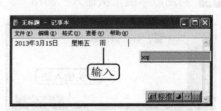

图3-27 确认输入   图3-28 输入汉字

STEP 11 输入"心情"一词的两个声母"xq"，按空格键打开选字框，如图3-29所示。

STEP 12 由于选字框中"心情"一词对应的数字为"4"，因此按【4】键可将其输入到记事本中，如图3-30所示。

图3-29 简拼输入

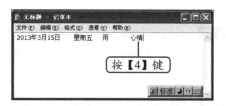

图3-30 选择汉字

STEP 13 继续利用简拼或混拼的方式输入"指数"一词，然后输入"："。接着在输入法状态栏的软键盘图标中单击鼠标右键，在打开的快捷菜单中选择"特殊符号"命令，如图3-31所示。

STEP 14 依次单击两次"★"符号对应的键位并单击三次"☆"符号对应的键位，如图3-32所示。

图3-31 选择软键盘类型

图3-32 输入特殊符号

STEP 15 再次单击软键盘图标关闭软键盘，完成特殊符号的输入，如图3-33所示。

STEP 16 综合运用全拼输入、简拼输入和混拼输入的方式继续输入日记的内容，参考效果如图3-34所示。

图3-33 关闭软键盘

图3-34 输入其他内容

实训 使用微软拼音输入法输入心得体会

【实训要求】

启动Windows XP自带的记事本程序，利用微软拼音拼音输入法在其中输入一则心得体会，用以熟悉和掌握微软拼音输入法输入中文的方法。

【实训思路】

开始本实训之前，首先应查看当前输入法中是否含有微软拼音输入法，若没有，则需要将其添加到输入法中。然后启动记事本程序，在其中输入相应的内容。

【步骤提示】

STEP 1 单击任务栏右侧的输入法图标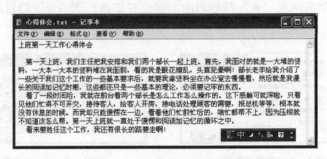，在打开的下拉列表框中查看是否存在微软拼音输入法。

STEP 2 若没有该输入法，可在输入法图标中单击鼠标右键，在打开的快捷菜单中选择"设置"命令，利用打开对话框中的 添加(D)... 按钮添加"微软拼音输入法3.0版"到输入法列表框中。

STEP 3 启动记事本程序，并将输入法切换到微软拼音输入法状态，输入心得体会的具体内容，参考效果如图3-35所示。

STEP 4 注意利用微软拼音输入法输入中文时，若出现的内容不是需要的汉字，可利用方向键定位需更改的汉字，并利用【－】或【＋】键切换选字框进行选择，当所有汉字确认为需要时，按空格键确认输入以取消汉字下方的虚线。

图3-35 心得体会参考内容

常见疑难解析

问：进入Windows XP操作系统后，系统的默认状态为英文输入法，请问如何才能将系统默认的输入法更改为智能ABC输入法？

答：在输入法图标中单击鼠标右键，在弹出的快捷菜单中选择"设置"命令，打开"文字服务和输入语言"对话框。在"默认输入语言"下拉列表框中选择智能ABC输入法对应的选项后，单击 确定 按钮即可。这样，无论打开哪个软件或窗口，其默认的输入法都是智能ABC输入法，从而避免了重新切换或选择的麻烦。

问：在使用智能ABC输入法时，当需要输入一些大写的英文字母时该如何操作呢？

答：使用智能ABC输入法输入中文时，只要按【Caps Lock】键，使其指示灯点亮，即可输入大写英文字母。注意输入完毕后，需再次按【Caps Lock】键，才能恢复为中文输入的状态。

问：在Windows XP操作系统中，为什么输入法图标没有显示在任务栏右侧？

答：这可能是因为不小心将输入法还原的缘故，此时只需单击该界面右上角的"最小化"按钮 即可将其重新放置到任务栏右侧。若想重新还原，则需在输入法图标中单击鼠标右键，在打开的快捷菜单中选择"还原语言栏"命令即可。

问：**为什么微软拼音输入法的状态栏上没有显示软键盘图标？**

答：虽然没有直接显示软键盘图标，但软键盘功能是有的，使用的方法为：单击微软拼音输入法状态条中的"功能菜单"按钮，在打开的下拉菜单中选择"软键盘"命令，在打开的子菜单中选择类别命令后即可显示对应的软键盘。要想关闭软键盘，只需再次单击微软拼音输入法状态条中的"功能菜单"按钮，在打开的下拉菜单中选择"软键盘"命令，并在打开的子菜单中选择"关闭软键盘"命令即可。

拓展知识

1. 计算机编码

输入文字时计算机是无法直接识别文字的，必须将输入的文字转换成二进制编码后计算机才能识别。因而，所有字符在计算机中都是按照二进制编码来表示的。

目前国际通用的编码为7位版本的ASCII，即使用7位二进制数来表示英文字母、数字和字符。7位版本的ASCII有128个元素，其中有33个为通用控制字符，控制字符主要用于控制计算机运行以及某些外围设备的工作情况，而不对应任何可输入或显示的字符。其他95个则分别对应输入或显示的字符，其中包括52个大小写英文字母、10个阿拉伯数字、33个标点符号和运算符号。

2. 汉字编码

由于7位版本的ASCII只能表示英文字母、数字以及符号，因此各个国家都对7位版本的ASCII进行了扩充，作为自己国家语言文字的代码，这就是8位版本的ASCII。7位版本ASCII码的最高位为0，而8位版本的ASCII的最高位则为1。

汉字编码可以分为内码、交换码和输出码。

● **内码**：内码是在设备和系统内部处理时使用的汉字代码。向计算机输入汉字的外码后，必须转换为内码才能进行存储和计算等处理。中文信息处理系统有不同的代码系列，其内码也不相同，有两字节、三字节以及四字节内码等，国际标准字符集规定每个符号都使用两字节代码。汉字的内码包括存储码、运算码和传输码3种。存储码为长短不等的代码，用于存储汉字信息内容；运算码一般为等长码，用于参与各种运算处理；传输码也多为等长码，用于传输系统内部的汉字。内码通常是按照汉字在字库中的物理位置来表示的，两字节内码一般不与西文内码发生冲突，并且与标准交换码存在简明的对应关系，从而保证中西文的兼容性。

● **交换码**：交换码是在系统或计算机之间进行信息交换时所用的代码，是中文信息处理技术的基础编码。目前，我国使用的汉字交换码分别有GB 1988和GB 2312—80。GB 1988与国际通用的基本代码集相同，主要用于表示字母、数字以及符号。而GB 2312—80则是我国标准的汉字交换码，该字符集中每个符号都使用两个字节表示，每个字节采用7位二进制值表示。基本字符集的内码与国际码有明确的对应关系，称为"高位加1法",即将国际码加上1,就可以得到对应的内码。反之,也可以通过汉字的交换码得到它的国际代码。

● **输出码**:输出码也称为汉字的字形码,是对汉字字形进行数字化点阵后的一串二进制数值。在计算机中输入汉字编码后,系统会自动转换为内码对汉字进行识别,然后将内码转换为输出码(点阵信息),将汉字在屏幕中显示出来或通过打印机打印出来。

职业素养

无论中文或英文,文字输入的最基本要求都是正确和高效。因此,作为经常涉及文字输入工作或职业的人们,应当具备以下几点职业素养。

①将盲打的文字输入方式掌握得游刃有余,以最大限度地提高文字的输入速度。

②建立检查输入文字的良好习惯,包括检查文字内容、标点符号以及必要的格式,如中文一般要求段落第一行文字要空4个字符等。

③心平气和,聚精会神、全神贯注,这是文字输入时需要具备的心里素质,也是保证文字输入正确和高效的必要条件。

课后练习

(1)查看当前系统中已添加的中文输入法有哪些。

(2)通过添加和删除输入法的操作,将系统中的输入法保留为全拼输入法和智能ABC输入法。

(3)打开记事本程序,切换到全拼输入法,熟悉该输入法状态条上各图标的作用。

(4)利用全拼输入法输入如图3-36所示的一段感想。

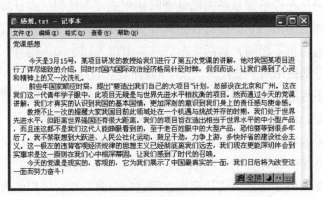

图3-36 使用全拼输入法输入的文本内容

PART 4
项目四
全面掌握智能ABC输入法

情景导入

阿秀：前面我们已经对智能ABC输入法做过一定的介绍了，你用起来怎么样？

小白：感觉不是很顺利，中文输入的速度和正确率都不高，难道是我还有什么方法没有掌握？

阿秀：没关系，前面我是希望你能对智能ABC输入法有最基础的认识和了解。接下来我会进一步给你介绍智能ABC输入法的使用，让你更深刻地认识到它的优点，并能更全面地掌握它的用法。

小白：智能ABC输入法的功能很强大吗？

阿秀：当然啦。只要你学会本节的知识，熟练掌握各种使用方法，你就会感觉到它的强大了。怎么样？准备好了吗？下面我们就开始学习啦！

学习目标

- 了解智能ABC输入法的各种特点
- 熟悉智能ABC输入法的笔形输入规则

技能目标

- 熟悉智能ABC输入法的属性设置操作
- 掌握并利用智能ABC输入法自定义新词的方法
- 掌握"自荐书"文档内容的输入方法

任务一 使用智能ABC输入法输入中英文

在众多中文输入法中，智能ABC输入法因其学习简单、入门容易、功能强大、不需记忆等优点，成为许多用户进行文字输入的首选输入法。下面将在前面学习的基础上，进一步对该输入法的使用进行讲解。

一、任务目标

本任务的目标是在了解智能ABC输入法的各种特点后，使用全拼输入、简拼输入和混拼输入方式输入一则通知文档。

二、相关知识

作为具备许多特点和多种输入方式的中文输入法，智能ABC输入法成为了Windows XP操作系统自带的输入法。在讲解如何使用它进行文字输入前，应先对其特点有全面的了解，并掌握各种输入方式的操作方法。

1．智能ABC输入法的特点

智能ABC输入法采用汉语拼音编码方案，将汉字编码与汉语拼音联系起来达到输入汉字的目的。它是音码输入法中的佼佼者，用户群非常庞大。归纳起来，智能ABC输入法的特点表现在以下几个方面。

- **中英文输入无缝切换**：在智能ABC输入法状态下需要输入英文内容时，不必按【Ctrl+空格】组合键切换到英文输入方式，只需按【V】键作为英文输入标志符，然后继续输入需要的英文即可。图4-1所示即为在智能ABC输入法状态下无缝切换中英文输入状态的效果。

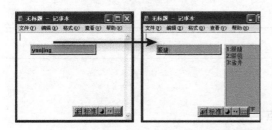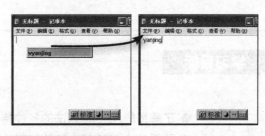

图4-1　智能ABC输入法的中英文无缝切换输入效果

- **自动记忆功能**：智能ABC输入法能够自动记忆使用次数超过3次的词组，被记忆的词组在选字框中出现的位置高于普通词语但低于常用词语。需要注意的是，智能ABC允许记忆的标准拼音词最大长度为9个。图4-2所示即为自动记忆人名"李溪夕"的效果。

操作提示　　当经常需要输入相同的人名、公司名称、单位名称和地址等中文内容时，可在第一次输入时使用全拼方式一次性输入所有内容。这样便于智能ABC输入法对其进行记忆操作，此后使用简拼或混拼都能快速输入。

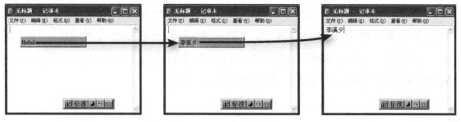

图4-2 自动记忆输入的词组

● **支持短句输入**：在智能ABC输入法中，可以一次性输入很长的词语或短句，还可以使用键盘上的方向键对输入的编码进行插入、删除或取消等操作。图4-3所示即为使用智能ABC输入法输入短句的效果。

图4-3 智能ABC输入法的短句输入效果

● **词库量大**：智能ABC输入法收录了大约60 000个词条，它以《现代汉语词典》为范本，同时增加了很多新词汇。词库不仅具有一般的词汇，还收入了一些使用频率较高的方言和术语，如中外名人的人名、国家名称、城市名称、名胜古迹等，便于用户在实际工作中快速输入需要的中文内容。图4-4所示即为输入名胜古迹"峨眉山"文本的效果。

图4-4 使用智能ABC输入法快速输入名胜古迹名称

● **任意选择待输入词组中的汉字**：在使用智能ABC输入法输入词组的过程中，可以根据需要选择待输入词组中的某个汉字。例如，在智能ABC状态下输入"同学"一词的编码"tongxue"后，按【[】键将得到"同"字，按【]】键将得到"学"字，如图4-5所示。

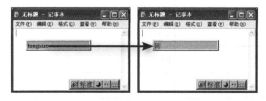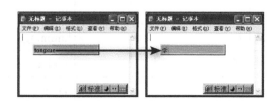

图4-5 任意选择待输入词组中的汉字

● **造词功能**：造词功能可以根据实际需要，将经常输入的长度较长的内容通过指定简短的编码来实现快速输入的效果。例如，输入单位名称或公司地址，每次输入时需要一个汉字一个汉字地输入就很不方便，如果将它定义为词组，只需输入所定义的编码就可以快速输入该文本，大大提高输入效率。

操作提示

　　输入自定义的词组时，应先按【U】键输入"U"编码，然后继续输入自定义的词组编码就可以快速得到对应的自定义词组内容。

2．全拼输入

全拼的意思就是将一个汉字对应的所有汉语拼音作为该汉字的编码，如"班"字的编码为"ban"，"落"字的编码为"luo"。全拼输入是最简单的一种输入方式。只要会汉语拼音，不需要任何学习即可输入需要的内容。下面进一步对全拼输入方式下单字输入和词组输入的规则进行介绍。

● **单字输入规则**：按规范的汉语拼音输入，输入过程与书写汉语拼音过程完全一致。输入完成后按空格键显示选字框，根据单字对应的数字按相应数字键输入。若单字未显示在当前选字框中，可按【＋】键进行翻页选择。

● **词组输入规则**：按顺序输入词组对应的所有汉语拼音编码，如"颜色"的编码为"yanse"，"对象样式"的编码为"duixiangyangshi"。输入完成后按空格键显示选字框，根据显示的汉字内容对词组中的字词进行确认即可。

3．简拼输入

全拼输入方式虽然简单，但需要输入的拼音编码过长，影响输入速度。为了解决这一问题，在全拼的基础上就出现了简拼输入方式。简化编码输入的数量，以提高输入速度。表4-1所示即为全拼输入与简拼输入对应的编码数量。

表4-1　全拼输入方式与简拼输入方式对应的编码输入情况

中文词组	全拼方式下输入的编码	简拼方式下输入的编码
通俗	tongsu	ts
眼镜蛇	yanjingshe	yjs
花好月圆	huahaoyueyuan	hhyy
缥缈	piaomiao	pm
昆明	kunming	km
铝土矿	lvtukuang	ltk
其他系统	qitaxitong	qtxt
跑龙套	paolongtao	plt

由表4-1可见，简拼输入就是输入词组中每个单字的声母，使编码大大简化。但由于汉字中同音字过多的缘故，简拼输入方式会导致重码率增加。因此，为了提高输入速度，应掌握以下几方面的输入技巧。

- **按词组输入**：在使用简拼输入时，尽可能地按照词组、短语进行输入，这是提高输入速度的关键。因为对于单字而言，词组的组合可以极大地减少重码率的出现。比如输入"控"字，如果直接输入"k"来选择，找到需要的内容会非常困难，如果输入"kz"，便可快速找到"控制"一词，然后删除"制"字得到需要的内容。

- **快速选择重码字**：由于简拼输入涉及较高的重码率，因此需要随时快速对选字框进行翻页查看。除了按【＋】或【－】键翻页选字框外，还可按【Page Up】或【Page Down】键翻页。选择哪种方式，可以根据个人击键习惯来决定，提高翻页速度即可。

- **随时构建新词**：利用智能ABC的自动记忆功能可以将一些常用的组合词记忆到智能ABC的词库中，这样就会逐渐加大词库的容量，提高简拼输入的速度。因此，一些常用的词组，可先通过全拼方式进行输入，再次使用时只需通过简拼输入就能快速获取。

4．混拼输入

全拼输入的编码数量大，而简拼输入的重码率高，为了解决这两方面的问题，便出现了混拼输入的方式。混拼输入是指在输入汉字时根据字、词的使用频率，将全拼和简拼混合使用，这样可以有效地减少编码输入量大和重码率高的现象。

混拼输入的规则为：输入词组时，其中一个汉字使用全拼输入，其他汉字使用简拼输入。例如，输入"马赛克"一词，可输入"mask"（第1个单字全拼）、"msaik"（第2个单字全拼）或"mske"（第3个单字全拼），如图4-6所示。这样的输入方式比全拼输入的编码输入量更小，同时降低了简拼输入出现的重码率。

图4-6　混拼输入时的多种编码输入方式

使用混拼输入时，为了提高输入效率，需要掌握以下一些技巧。

- 尽量采用词组输入。
- 混拼输入时，应选择编码较少的单字作为全拼输入。

5．笔形输入

智能ABC输入法虽然是以汉语拼音作为编码方案，但如果遇上不会读的汉字或不知道汉字正确的读音时，还可以采用智能ABC输入法提供的笔形输入方式进行输入。

智能ABC输入法的笔型编码根据汉字的笔画基本形状作为理论基础，因此掌握笔形的书写标准非常重要。

智能ABC输入法将笔形分为8类，如表4-2所示。

表4-2　笔形输入方式各笔形对应的编码

笔形	笔形名称	说明	笔形代码
一	横	"提"也算作横	1
丨	竖		2
丿	撇		3
、	捺	"捺"也算作点	4
勹	折	顺时针方向弯曲，多折笔画以尾折为准	5
乙	弯	逆时针方向弯曲，多折笔画以尾折为准	6
十	叉	交叉笔画，以限于正叉	7
口	方	四边整齐的方框	8

知识补充　使用智能ABC输入法的笔形输入方式，需要对该输入法进行一定的设置，下一小节会单独介绍，这里只需认识笔形输入的相关规则即可。

使用智能ABC输入法的笔形输入时，应注意以下规则。

● 按照汉字的笔画顺序取码最多取6笔，用数字来表示。

● 含有笔形"十"（7）和"口"（8）的结构按笔形代码7或8取码，不将其分割成简单笔形代码。例如，"国"字的编码为"81714"，"超"字的编码为"71253"。

● 对于独体汉字，按笔形顺序依次取码。例如，"大"字的编码为"134"，"少"字的编码为"23"。

● 对于具有左右结构、上下结构的汉字，输入时可将其按左右、上下或内外分为两块，每块最多取3个对应的笔形码。若第1个字块多于3码，限取3码，然后开始取第2个字块的笔形码。若第1个字块不足3码，第2个字块可以顺延取码。结构复杂时，可将第2个字块继续分离，按每块顺延取码。例如，"醒"字分为左右两个字块，左侧字块取编码"183"，右侧字块取编码"813"，因此输入"183813"即可得到该字。

● 特殊的偏旁部首具有指定的编码取码规则，如耳（122）、非（211）、火（433）、女（613）、艹（72）、开（1132）。

三、任务实施

（一）使用简拼输入方式和全拼输入方式输入标题与称谓

简拼输入方式适合输入使用率较高的词组，全拼输入方式适合输入单字或使用率较低的词组。下面使用这两种方式输入通知的标题和称谓，其具体操作如下。

STEP 1 启动记事本文件，切换到智能ABC输入法，输入编码"tz"，如图4-7所示。

STEP 2 按空格键出现选字框，观察"通知"一词对应的数字，如图4-8所示。

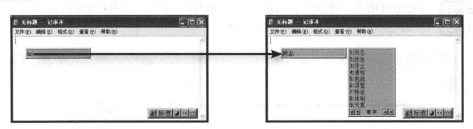

图4-7 简拼输入   图4-8 选择汉字

STEP 3 按【4】键输入"通知"，并继续输入编码"quanti"，如图4-9所示。

STEP 4 按空格键出现需要的内容，再次按空格键确认输入，如图4-10所示。

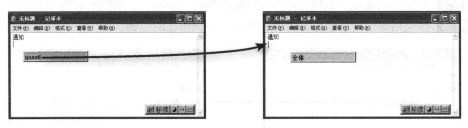

图4-9 全拼输入   图4-10 选择汉字

STEP 5 继续输入编码"zhigong"，按空格键出现选字框，如图4-11所示。

STEP 6 按空格键输入该词组，继续输入"："并按【Enter】键换行，如图4-12所示。

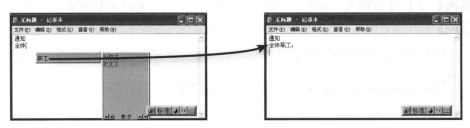

图4-11 全拼输入   图4-12 换行

（二）使用混拼输入方式输入内容

混拼输入方式是熟悉智能ABC输入法后使用得最多的输入方式。下面以这种方式为主输入通知的具体内容，其具体操作如下。

STEP 1 输入编码"youy"，如图4-13所示。

STEP 2 按空格键出现选字框，查看"由于"一词所在的位置，如图4-14所示。

58

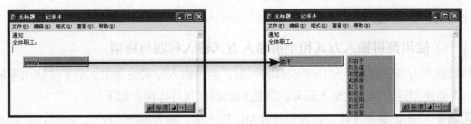

图4-13　混拼输入　　　　　　　　　　图4-14　选择汉字

STEP 3 按空格键输入"由于"，并继续输入编码"jxie"，如图4-15所示。

STEP 4 按空格键出现选字框，查看"机械"一词所在的位置，如图4-16所示。

图4-15　混拼输入　　　　　　　　　　图4-16　选择汉字

STEP 5 按空格键输入"机械"，并继续输入编码"guzh"，如图4-17所示。

STEP 6 按空格键出现选字框，查看"故障"一词所在的位置，如图4-18所示。

图4-17　混拼输入　　　　　　　　　　图4-18　选择汉字

STEP 7 按【3】键输入"故障"一词，继续输入"，"，如图4-19所示。

STEP 8 利用混拼输入方式继续输入通知的其他文本内容即可，效果如图4-20所示。

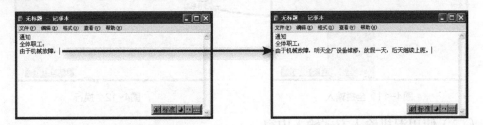

图4-19　确认输入　　　　　　　　　　图4-20　输入其他文本内容

任务二　设置智能ABC输入法的属性

智能ABC输入法可以通过设置，使其满足用户的输入需要。

一、任务目标

本任务的目标便是通过对智能ABC输入法的输入风格和功能属性进行设置，使其符合个人输入的需要。

二、相关知识

若要熟练地对智能ABC输入法进行属性设置，需要对设置对话框中的参数作用有所了解。图4-21所示即为"智能ABC输入法设置"对话框，其中4个参数的作用具体如下。

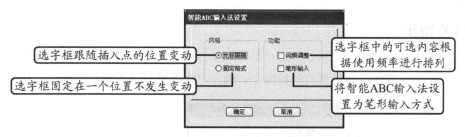

图4-21 "智能ABC输入法设置"对话框

三、任务实施

下面将对智能ABC输入法的属性进行设置，使其达到选字框位置随插入点变动、候选内容随使用频率排列以及取消其笔形输入方式的目的。其具体操作如下。

STEP 1 在智能ABC输入法状态条中单击鼠标右键，在弹出的快捷菜单中选择"属性设置"命令，如图4-22所示。

STEP 2 在打开的对话框中依次单击选中"光标跟随"单选项和"词频调整"复选框，如图4-23所示。

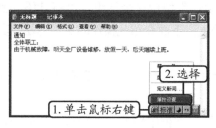

图4-22 属性设置

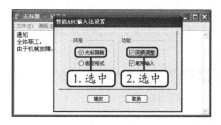

图4-23 设置风格和功能

STEP 3 撤销选中"笔形输入"复选框，单击 确定 按钮，如图4-24所示。

STEP 4 关闭对话框，设置自动生效，如图4-25所示。

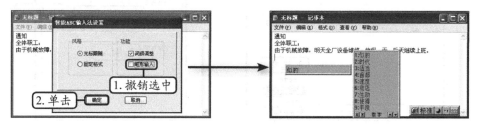

图4-24 取消笔形输入方式

图4-25 查看效果

任务三 提高智能ABC输入法的打字速度

为了提高使用智能ABC输入法的打字速度，可以将一些经常输入的长文字添加到输入法的词库中，实现造词输入的目的。

一、任务目标

本任务将把公司名称"尚华科技数码公司"添加到智能ABC输入法的词库中，以便使用时可以快速输入。

二、相关知识

使用智能ABC输入法的"定义新词"对话框可以实现新词的添加、查看、删除等操作，如图4-26所示。要想熟练地进行新词的各种操作，就一定要掌握该对话框中各参数的作用。

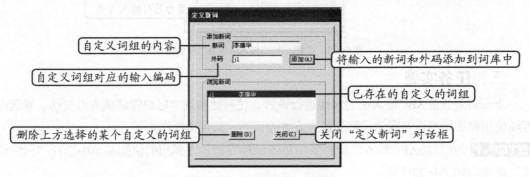

图4-26 "定义新词"对话框

三、任务实施

公司名称的中文长度通常都不短，如果工作中经常使用这个词组，可将其添加到智能ABC输入法的词库中，通过指定的编码实现快速输入。下面介绍此操作的实现方法，其具体操作如下。

STEP 1 在智能ABC输入法状态条上单击鼠标右键，在弹出的快捷菜单中选择"定义新词"命令，如图4-27所示。

STEP 2 打开"定义新词"对话框，在"新词"文本框中输入"尚华科技数码公司"，在"外码"文本框中输入"qc"（全称），如图4-28所示。

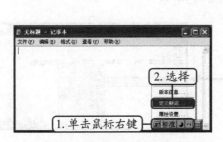

图4-27 选择"定义新词"命令

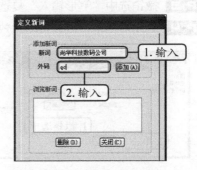

图4-28 输入词组内容和编码

STEP 3 单击 添加(A) 按钮将输入的词组和编码添加到下方的"浏览新词"列表框中，单击 关闭(C) 按钮，如图4-29所示。

STEP 4 在记事本中输入新词标志编码"u"和新词对应的编码"qc"，如图4-30所示。

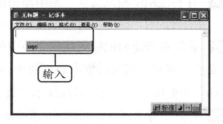

图4-29 添加新词并关闭对话框　　　　　　　图4-30 输入编码

STEP 5 按空格键即可快速输入对应的新词内容，如图4-31所示。

图4-31 快速输入公司名称

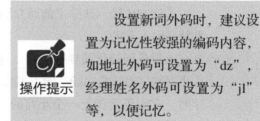

> 操作提示　设置新词外码时，建议设置为记忆性较强的编码内容，如地址外码可设置为"dz"，经理姓名外码可设置为"jl"等，以便记忆。

实训　练习输入和编辑自荐书

【实训要求】

使用智能ABC输入法的全拼输入、简拼输入、混拼输入等方式，准确高效地输入一份自荐书，参考效果如图4-32所示。

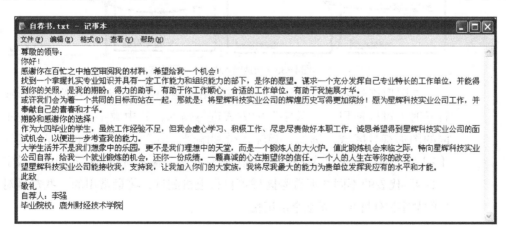

图4-32 自荐书参考效果

【实训思路】

本实训的思路为，首先调整智能ABC输入法的输入风格和属性，使其更符合输入习惯，然后通过造词功能创建公司名称、毕业院校等词组，最后综合使用全拼输入、简拼输入和混拼输入的方式输入自荐书的具体内容即可。

【步骤提示】

STEP 1 在智能ABC输入法状态条中单击鼠标右键，在弹出的快捷菜单中选择"属性设置"命令，在打开的对话框中取消笔形输入方式、使用词频调整模式，并让选字框位置固定。

STEP 2 再次在智能ABC输入法状态条中单击鼠标右键，在弹出的快捷菜单中选择"定义新词"命令，在打开的对话框中添加两个新词，其中词组"星辉科技实业公司"对应的编码为"xh"（星辉），"鹿州财经技术学院"对应的编码为"mx"（母校）。

STEP 3 输入自荐书内容，已定义的新词通过"u"标志编码和对应编码进行快速输入，其他内容综合利用各种输入方式进行输入即可。

智能ABC输入法除了前面介绍的几种输入方式和特点以外，还提供了一些特殊输入方式。

①数量词转化前导符"i"：智能ABC输入法提供了阿拉伯数字和中文大小写数字的转换功能，对一些常用量词也可简化输入。要输入小写中文数字时，在编码前加上一个小写的"i"作为前导字符。例如，输入"i314"后，按空格键将得到小写中文数字"三一四"；要输入大写中文数字时，在编码前加上一个大写的"I"作为前导字符或按【Shift + I】组合键输入大写字母"I"作为前导字符，继续输入需要的数字"589"，按空格键后则会得到大写中文数字"伍捌玖"，如图4-33所示。这是快速输入中文大小写数字最快捷的方法。

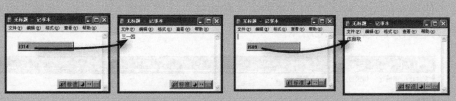

图4-33 快速输入中文大小写数字

②图形符号输入"v+数字"：在使用智能ABC输入法输入特殊图形或符号时，可以使用"v+数字"的方式进行输入，其中数字"1~9"对应不同的图形符号区域。例如，想输入带圈编号"③"，可依次按【V】键和【2】键，然后通过对选字框进行翻页操作找到并输入需要的对象即可。数字"1~9"代表的不同图形符号区域可自行上机测试，将最常用的一些符号对应的数字记住即可，无须全部记忆。

常见疑难解析

问：使用智能ABC输入法输入"图案"一词时，为什么出现的是"团"字，选字框中并未出现"图案"一词呢？

答：这是由于智能ABC输入法默认将"tuan"编码判断为一个完整的拼音编码，而不是由"tu"和"an"两个拼音编码组成而造成的情况。当需要输入这类特殊的拼音编码组成的词组时，可利用隔音符号"'"进行输入。例如，输入"tuan"时，可在输入"tu"编码后，输入"'"符号将编码分隔，然后继续输入"an"编码即可，即"tu'an"，按空格键便能得到需要的"图案"一词了。

问：使用简拼输入时，一些复合声母如"zh"、"ch"、"sh"等，可以只输入该声母的第一个编码吗？

答：可以，如需输入"长春"一词，可直接输入"cc"，但这样的结果会增加重码率。建议如果普通话发音标准，且方言影响不大的情况下，还是按照复合声母的完整内容进行输入，以降低重码率提高输入速度。

拓展知识

音形混合输入的方式是智能ABC输入法中输入效率最高的方式，但需要对此输入法有相当程度的掌握和应用。

音形混合输入方式的规则简单来说，就是通过"拼音编码＋笔形代码"的方式输入汉字。拼音编码输入时可以选择全拼输入、简拼输入或混拼输入方式。

在多音节词组的输入中，采用音形混合输入方式时，拼音编码是必须要输入的，而笔形代码则根据实际情况可有可无，若需要输入，最多不超过2笔。

表4-3列出了音形混合输入的字词对应的编码，通过该表可以看到音形混合输入方式的高效与快捷。

表4-3　音形混合输入方式编码对应表

字词	编码内容	输入方式	笔形描述
对	d5	简拼	加1笔：折
刀	d53	简拼	加2笔：折、撇
迅速	xs7	简拼	第二字加1笔：叉
现实	xs44	简拼	第二字加2笔：点
显示	x8s	简拼	第一字加1笔：口
蟋蟀	x8s8	简拼	每个字加1笔：口

课后练习

（1）在记事本中切换到智能ABC输入法，使用全拼输入方式输入如图4-34所示的内容，熟练掌握该输入法的全拼输入方式。

（2）在记事本中切换到智能ABC输入法，综合使用全拼输入、简拼输入和混拼输入的方式输入如图4-35所示的内容，进一步掌握该输入法的各种输入方式。

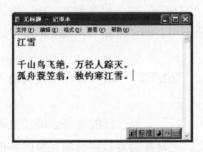

图4-34　使用全拼输入方式

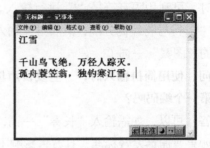

图4-35　使用各种输入方式输入

（3）在记事本中使用智能ABC输入法输入如图4-36所示的一段中英文内容，要求输入过程中始终保持为智能ABC输入法状态。

（4）快速在记事本中使用智能ABC输入法输入如图4-37所示的各种中文大小写内容。

图4-36　输入中英文内容

图4-37　输入中文大小写内容

（5）设置智能ABC输入法的输入风格为"光标跟随"，并取消"词频调整"设置。

（6）在智能ABC输入法词库中创建内容为"第一年度试验项目"、编码为"xm"的词组，并在记事本中利用【U】键实现快速输入。

职业素养

　　随着计算机和网络技术的不断发展，输入法的种类越来越多，各种输入法也层出不穷。对于经常需要进行长时间文字输入工作的人员来说，输入法的选择和使用，必须具备以下几方面的职业素养。

　　①不能盲目跟风。选择输入法时不能盲目听从多人意见，选择不同的输入法，当刚刚熟悉了某个输入法后，又换成其他的输入法。这是输入法选择的大忌，不仅浪费时间，而且无法在短时间内提高输入效率。

　　②反复练习，加强操作。确定某个输入法后，就不要轻易更改，应该反复利用该输入法进行输入练习，完全掌握和熟悉该输入法的所有功能和特点，使输入工作变得简单快捷。

情景导入

阿秀：小白，现在你觉得智能ABC输入法的使用效率怎么样呀？

小白：还不错，我对它已经越来越熟悉了。不过感觉老有一个瓶颈无法突破，导致速度无法实现明显的提升。

阿秀：这很正常，智能ABC输入法虽然容易上手，但由于功能有限，它在速度方面是无法非常快的。我马上给你推荐一款更为高效的输入法——微软拼音2010输入法，让你提高文字输入效率。

小白：不是说不要轻易更换输入法吗？

阿秀：这不会影响你对智能ABC输入法的学习，有了智能ABC输入法的基础后，可以更好地使用这款新输入法。这样才能利用它的强大功能，实现快速高效地输入文字的目的。

小白：原来是这样呀！那你现在就给我讲讲微软拼音2010输入法的使用吧，我一定认真学习！

学习目标

- 熟悉微软拼音输入法的状态条
- 熟悉微软拼音输入法的各种属性设置功能

技能目标

- 掌握使用微软拼音输入法输入汉字的方法
- 掌握使用微软拼音输入法的自造词功能
- 掌握微软拼音输入法的模糊拼音设置和词语联想功能设置的方法

任务一 使用微软拼音2010输入法输入汉字

微软拼音2010输入法是Microsoft公司开发并集成在Office 2010办公软件中的输入法软件。只要计算机中安装了Office 2010，该输入法将会自动安装到计算机中并添加到输入法系统。微软拼音2010包含两种输入法，即"微软拼音–简捷2010"和"微软拼音–新体验2010"，前者适用于词语和短语输入的转换方式，操作过程简单易用；后者适合语句的连续转换方式，可以不间断地输入整句话的拼音，提高输入效率。

一、任务目标

本任务的目标是熟练掌握使用两种微软拼音输入法进行汉字的输入操作。需要大家了解不同的输入方法和规则，以及状态条上各按钮的作用等内容。

二、相关知识

掌握任何一种输入法，首先需要掌握其状态条的使用以及各种输入规则。下面将对这方面的相关知识进行简要介绍。

1. 微软拼音2010输入法状态条

两种微软拼音2010输入法的状态条是基本相同的，各按钮的作用也没有什么差别。图5-1所示即为"微软拼音–简捷2010输入法"和"微软拼音–新体验2010输入法"的状态条情况。下面以"微软拼音–新体验2010输入法"状态条为例介绍其各按钮的作用，具体如下。

图5-1 微软拼音2010输入法的两种状态条

- **输入法切换图标M**：单击该图标，可在弹出的下拉列表中选择需切换的已添加到系统中的输入法。

- **中/英文切换图标中**：单击该图标或按【Shift】键，可在中/英文输入方式中切换，同时中/英文标点切换图标会根据此图标同步发生改变，以保证标点符号符合输入内容所需要的规则。

- **全/半角切换图标**：单击该图标或按【Shift+空格】组合键，可在全/半角输入状态下切换。

- **中/英文标点切换图标**：单击该图标或按【Ctrl+.】组合键，可在中/英文标点符号状态下切换。

- **软键盘图标**：单击该图标后，可在弹出的下拉列表中选择软键盘类型，然后打开对应的软键盘界面以输入需要的内容。再次单击该图标可关闭软键盘。

- **输入板开/关图标**：单击该图标将打开"输入板"对话框，单击对话框左侧的"手写识别"按钮后，可通过拖动鼠标绘制汉字内容进行输入，如图5-2所示。

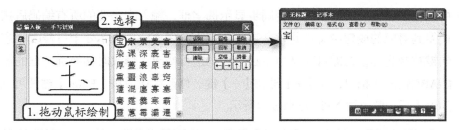

图5-2　微软拼音2010输入法的手写输入状态

● **搜索提供商图标 :** 单击该图标可在互联网中搜索提供商信息。

● **功能菜单图标 :** 单击该图标,可在弹出的下拉菜单中选择相应命令对微软拼音2010输入法进行各种设置,如输入选项设置、词典设置、自造词设置等。

● **帮助图标 :** 单击该图标将打开"帮助"窗口,可了解有关微软拼音2010输入法的相关内容。

2. 微软拼音-简捷2010输入法的规则

微软拼音–简捷2010输入法与智能ABC输入法类似,但相比起来输入效率更高,控制更加容易。其基本的输入规则如下。

● **输入方式:** 与智能ABC输入法相同,支持全拼输入、简拼输入、混拼输入等多种输入方式。

● **中文输入:** 直接输入拼音编码后就会同步显示选字框,无须按空格键再显示,相比智能ABC输入法更加方便。

● **英文输入:** 除了利用中/英文切换图标切换到英文输入状态中输入英文内容外,可直接在中文输入状态中输入英文。方法为:输入具体的英文内容后,按【Enter】键确认,如图5-3所示。

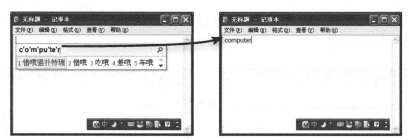

图5-3　在中文状态下输入英文内容

● **选字框翻页:** 按【,】键或【.】键对选字框进行翻页,与智能ABC输入法相比,翻页键设计得更加人性化,不用过分移动手指敲击键位就能实现翻页,对盲打和输入速度的提高有不小帮助。

3. 微软拼音-新体验2010输入法的规则

微软拼音–新体验2010输入法更适合习惯输入成句中文内容的用户,其基本的输入规则如下。

● **输入方式:** 支持全拼输入、简拼输入、混拼输入等多种输入方式。

● **中文输入**：输入拼音编码后会同步显示选字框，输入完需要的所有编码后按空格键便得到对应的成句中文。此时文字成蓝色下画线显示，表示处于可修改状态，按方向键控制光标位置即可对文中单独的字词进行修改。修改时切换选字框的键位与智能ABC输入法相同，为【＋】键和【－】键。修改完成后按【Enter】键便可确认文字的输入了，整个输入过程如图5-4所示。

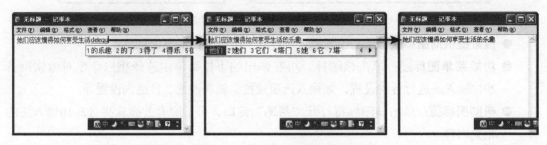

图5-4　输入成句中文的过程

　微软拼音-新体验2010输入法的输入过程看似复杂，但只要在输入编码的过程中合理运用全拼输入、简拼输入或混拼输入等方式，得到的成句中文的合理性和预期性会大大提高，从而减少了修改单个字词的环节。

三、任务实施

下面将在记事本程序中综合利用微软拼音-简捷2010输入法和微软拼音-新体验2010输入法输入一段文本。进一步掌握这两个输入法的输入规则，其具体操作如下。

STEP 1　启动记事本程序，切换到微软拼音-简捷2010输入法状态，输入编码"gyu"，如图5-5所示。

STEP 2　按空格键输入"关于"，继续输入引号后将光标定位到引号中间，并输入"bodun"，如图5-6所示。

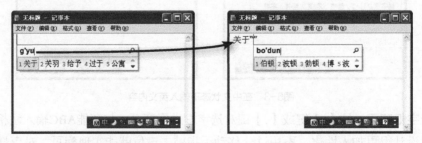

图5-5　混拼输入　　　　　　　　　　图5-6　输入英文

STEP 3　按【Enter】键直接在中文输入状态中输入英文字母，继续按混拼输入方式输入编码"xmneir"，如图5-7所示。

STEP 4　按空格键得到"项目内容"文本，继续输入全拼编码"de"，如图5-8所示。

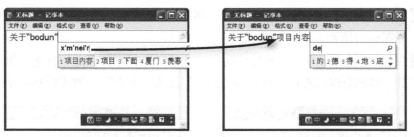

图5-7 混拼输入   图5-8 全拼输入

STEP 5 按空格键得到中文"的"字，并输入混拼编码"tiaoz"，如图5-9所示。

STEP 6 按空格键得到"调整"一词，继续输入"计划"一词的混拼编码"jih"，如图5-10所示。

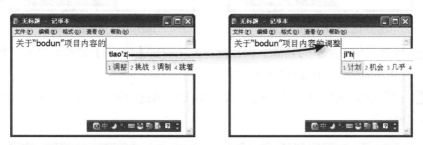

图5-9 混拼输入   图5-10 混拼输入

STEP 7 按空格键得到"计划"一词。按【Enter】键换行，按【Ctrl+Shift】组合键切换为微软拼音-新体验2010输入法，输入成句中文编码，如图5-11所示。

STEP 8 输入后按空格键取消选字框，确认句中字词正确时再次按空格键或【Enter】键确认文字的输入，并在右侧继续输入"，"，如图5-12所示。

图5-11 切换输入法   图5-12 确认输入

STEP 9 输入引号，按空格键确认，如图5-13所示。

STEP 10 将光标移动到引号中间，输入"bodun"，如图5-14所示。

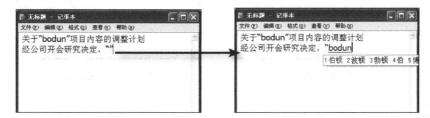

图5-13 输入引号   图5-14 输入英文

项目五 掌握微软拼音2010输入法

STEP 11 按【Enter】直接输入英文字母，移动光标位置到反引号右侧，输入成句中文的其他编码，如图5-15所示。

STEP 12 按空格键确认后，将光标移动到"认识"一词左侧，并根据选字框中"人事"一词对应的数字按相应键位进行修改，将"认识"改为"人事"，如图5-16所示。

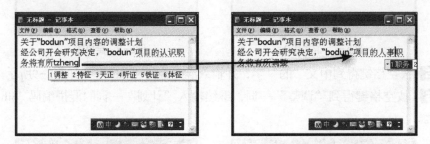

图5-15　输入成句中文编码　　　　　图5-16　修改独立词组

STEP 13 检查成句中文中的其他字词，确认无误后按【Enter】键确认输入，并继续输入"具体为："文本内容，如图5-17所示。

STEP 14 继续输入成句中文的编码，按空格键取消选字框，检查其中单独字词的正确性，如图5-18所示。

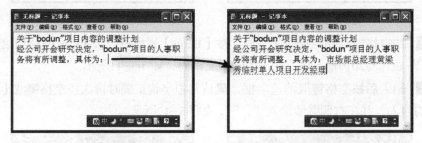

图5-17　确认输入　　　　　　　　　图5-18　输入成句中文

STEP 15 将光标移动到"秀"字左侧，查看选字框中所需汉字的位置，如果未显示在当前选字框中，则按【＋】键进行翻页，如图5-19所示。

STEP 16 找到需要的汉字后按对应的数字键位输入，并按【Enter】键确认整句文字的输入。继续利用微软拼音-新体验2010输入法输入"特此通告"的编码，如图5-20所示。

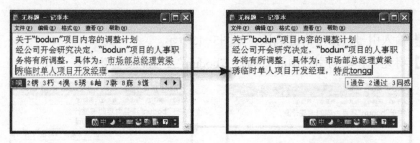

图5-19　修改独立单字　　　　　　　图5-20　输入成句中文

STEP 17 按空格键取消选字框，检查字词是否有误，如图5-21所示。

STEP 18 确认无误后按空格键或【Enter】键确认输入，并输入"。"即可，参考效果如

图5-22所示。

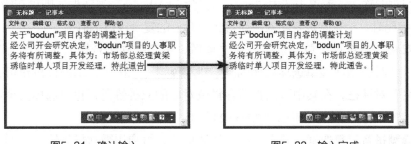

图5-21 确认输入   图5-22 输入完成

任务二 设置微软拼音输入法的属性

微软拼音输入法具备强大的拓展功能，要求用户能熟练对其各种属性进行设置，使其能有效地提高输入效率。

一、任务目标

本任务的目标是熟悉微软拼音输入法的各种属性设置操作，并掌握模糊拼音设置、词语联想设置和自造词设置的实现方法。

二、相关知识

在微软拼音输入法的状态条中单击"功能菜单"图标，在弹出的下拉菜单中选择"输入选项"命令后将打开该输入法的输入选项对话框，如图5-23所示，其中包含"常规"选项卡、"高级"选项卡和"词典管理"选项卡等内容。

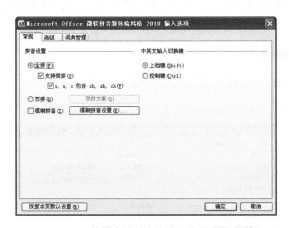

图5-23 微软拼音输入法的输入选项设置对话框

1．"常规"选项卡

图5-23所示即为微软拼音输入法输入选项设置对话框的"常规"选项卡，通过对其中的各种参数进行设置，可以调整微软拼音输入法的常规输入属性。各参数的作用分别如下。

● "全拼"单选项：单击选中该单选项后，可将微软拼音输入法设置为全拼输入方式，同时单击选中下方的"简拼"复选框，则可在全拼输入方式中，同时支持简拼和混拼的输入。若单击选中"z、c、s包含zh、ch、sh"复选框，则可在输入"z、c、s"编码时，让微软拼音输入法包含各自对应的复合声母编码。

● "双拼"单选项：单击选中该单选项后，可将微软拼音输入法设置为双拼输入方式。此时将激活该单选项右侧的 双拼方案(R)... 按钮，单击该按钮可打开"双拼方案"对话框，在其中可以查看各键位对应的双拼编码，也可选择某个键位后，自行设置该键位需要的编码，如图5-24所示。

● "模糊拼音"复选框：单击选中该复选框后，可启用微软拼音输入法的模糊拼音功能，以解决方言口音带来的输入问题。若单击该复选框右侧的 模糊拼音设置(R)... 按钮，可在打开的"模糊拼音设置"对话框中根据个人口音特点对模糊拼音进行设置，如图5-25所示。

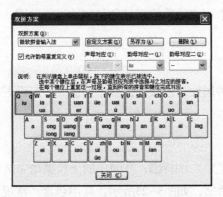

图5-24 查看或修改双拼方案

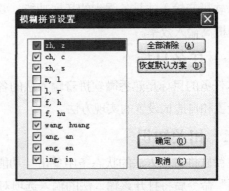

图5-25 设置模糊拼音

● "中英文输入切换键"栏：该栏提供了两个单选项，单击选中相应的单选项后，可按对应的键位切换微软拼音输入法的中/英文输入状态，默认为【Shift】键。

2．"高级"选项卡

单击微软拼音输入法输入选项设置对话框的"高级"选项卡后，可通过其中的各种参数对微软拼音输入法的其他高级输入属性进行设置。各参数的作用分别如下。

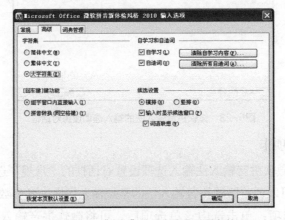

图5-26 "高级"选项卡中的设置参数

- **"字符集"栏**：该栏提供了3种字符集单选项，其中"简体中文"字符集收录了现代汉语的通用汉字；"繁体中文"字符集收录了繁体汉字等非规范汉字和现代汉语传承字；"大字符集"包括简体和繁体字符集之和，覆盖了GBK中的绝大多数汉字和符号。

- **"[回车键]键功能"栏**：该栏可设置按【Enter】键后得到的效果。若单击选中"组字窗口内直接输入"复选框，表示按【Enter】键将直接输入需要的内容；若单击选中"拼音转换（同空格键）"复选框，则表示按【Enter】键后只是将输入的编码转换为汉字，作用与空格键相同。

- **"自学习和自造词"栏**：该栏提供了自学习功能和自造词功能，只有单击选中下方对应的复选框后，相应功能才能启用。

- **"候选设置"栏**：在该栏中通过单击选中"横排"或"竖排"单选项，可调整微软拼音输入法选字框的排列方向；单击选中"输入时显示候选窗口"复选框，则在输入编码后会直接出现选字框，而无须按空格键来显示；单击选中"词语联想"复选框后，微软拼音输入法将根据当前输入的编码对内容进行随机联想，以方便快速输入其他内容。

3．"词典管理"选项卡

单击微软拼音输入法输入选项设置对话框的"词典管理"选项卡后，在其中的列表框中单击选中对应的复选框，将该类词典加入到微软拼音输入法中，以便更快捷地输入相关术语和名词，如图5-27所示。

图5-27 "词典管理"选项卡中的设置参数

4．自造词

相比于智能ABC输入法的造词功能，微软拼音2010输入法的自造词功能更加强大和适用。添加自造词的方法为：单击微软拼音2010输入法状态条中的"功能菜单"图标，在打开的下拉菜单中选择"自造词工具"命令，打开自造词工具对应的窗口，在该窗口的工具栏中单击"增加一个空白词条"按钮或直接双击列表框中呈蓝色底纹显示的选项，均可打开"词条编辑"对话框。在"自造词"文本框中输入词组，在"快捷键"文本框中输入对应的编码后，单击 确定 按钮即可完成自造词的创建，如图5-28所示。当需要使用自造词时，只需按【`】键（位于【Tab】键上方）和【Z】键作为前导字符，并输入对应的自造词编码即可。

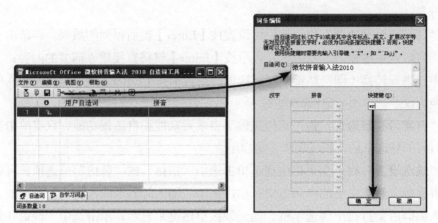

图5-28 微软拼音输入法自造词的实现过程

三、任务实施

下面将通过对微软拼音2010输入法的属性设置，解决方言中"h"和"f"，以及"l"和"n"的编码输入问题，并通过开启"词语联想"功能和自造词功能，使汉字的输入更加方便快捷，其具体操作如下。

STEP 1 单击微软拼音2010输入法状态条中的"功能菜单"图标，在弹出的下拉菜单中选择"输入选项"命令，如图5-29所示。

STEP 2 在打开的对话框中单击"常规"选项卡，单击选中"模糊拼音"复选框，并单击右侧的 模糊拼音设置(E)... 按钮，如图5-30所示。

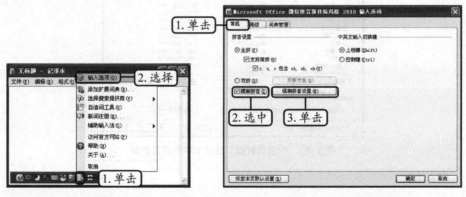

图5-29 设置输入选项　　　　　　　　图5-30 启用模糊拼音

STEP 3 打开"模糊拼音设置"对话框，在列表框中分别单击选中"n，l"复选框和"f，h"复选框，并单击 确定(O) 按钮，如图5-31所示。

STEP 4 返回输入选项设置对话框，单击"高级"选项卡，单击选中"词语联想"复选框，单击 确定 按钮，如图5-32所示。

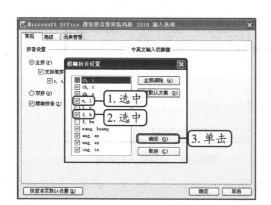

图5-31 设置模糊拼音

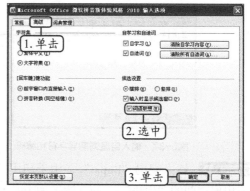

图5-32 启用词语联想

STEP 5 单击微软拼音2010输入法状态条中的"功能菜单"图标，在弹出的下拉菜单中选择"自造词工具"命令，如图5-33所示。

STEP 6 在打开的对话框中单击"增加一个空白词条"按钮，如图5-34所示。

图5-33 使用自造词工具

图5-34 新建自造词

STEP 7 打开"词条编辑"对话框，在"自造词"文本框中输入"HG广浩瀚外贸实业有限责任公司"，在"快捷键"文本框中输入"ghr"，单击 确 定 按钮，如图5-35所示。

STEP 8 关闭"词条编辑"对话框和自造词工具窗口，打开提示对话框，单击 是(Y) 按钮确认保存，如图5-36所示。

图5-35 设置自造词内容和快捷键

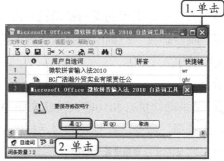

图5-36 保存设置

STEP 9 在记事本中依次输入"`zghr"，如图5-37所示。

STEP 10 按空格键将快速得到对应的自造词内容，效果如图5-38所示。

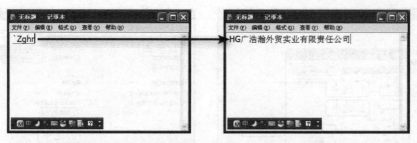

图5-37　输入自造词前导字符和编码　　　　图5-38　快速输入自造词

STEP 11 输入编码"liupai"，由于启用了模糊拼音中的"l"和"n"音节，因此选字框中将出现需要的"牛排"一词，效果如图5-39所示。

STEP 12 输入编码"conglai"，由于启用了词语联想功能，将自动根据输入的编码在选字框中出现随机联想的选项，效果如图5-40所示。

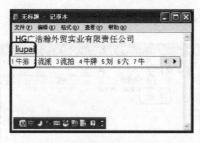

图5-39　模糊拼音启用后的效果

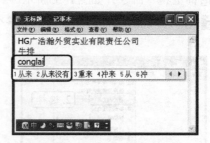

图5-40　词语联想启用后的效果

实训　使用微软拼音输入法输入"瓜田李下"

【实训要求】

使用微软拼音-简捷2010输入法在记事本中输入一则成语故事。完成后再使用微软拼音-新体验2010输入法重新输入一遍，进一步理解和掌握这两种输入法的优点，并根据个人输入习惯选择适合自己的输入法。

【实训思路】

为了避免方言问题出现的编码错误输入情况，在输入文字之前首先开启所有模糊拼音效果，然后将"陕西邮县"一词添加到微软拼音输入法的自造词词库中。完成上述操作后，再开始进行文字的输入工作。

【步骤提示】

STEP 1 单击微软拼音2010输入法状态条中的"功能菜单"图标，在弹出的下拉菜单中选择"输入选项"命令。在打开的对话框中单击"常规"选项卡，单击选中"模糊拼音"复选框，单击右侧的 模糊拼音设置(F)... 按钮，单击选中列表框中的所有复选框，启用所有模糊拼音功能。

STEP 2 单击微软拼音2010输入法状态条中的"功能菜单"图标，在弹出的下拉菜单中选择"自造词工具"命令，新建内容为"陕西邮县"，快捷键为"dm"（地名）的自造词。

STEP 3 启动记事本程序，切换到微软拼音-简捷2010输入法，输入成语内容，参考效果如图5-41所示。注意涉及"陕西邮县"文字时，使用自造词快速输入。

STEP 4 输入完成后，切换到微软拼音-新体验2010输入法，通过成句中文的输入方式再次输入该成语内容，熟悉此输入法的输入特点。

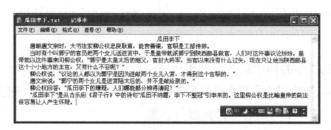

图5-41　心得体会参考内容

常见疑难解析

问：如果计算机中没有安装Office 2010，就无法使用微软拼音2010输入法了吗？

答：不是。没有安装Office 2010时，可自行到Microsoft公司提供的官网中下载该输入法软件（http://www.microsoft.com/china/pinyin/），然后将其安装到操作系统中并添加到系统的输入法中也能正常使用。只是安装了Office 2010后会自动将这些输入法安装并添加到系统中。

问：为什么使用微软拼音输入法时无法实现简拼输入？

答：可能是未开启"支持简拼"功能的原因造成的。解决方法为：单击微软拼音输入法状态条中的"功能菜单"图标，在打开的下拉菜单中选择"输入选项"命令。在打开的对话框中单击"常规"选项卡，单击选中"支持简拼"复选框并确认设置即可。

问：新增的自造词可以删除吗？

答：可以。只需单击微软拼音输入法状态条中的"功能菜单"图标，在弹出的下拉菜单中选择"自造词工具"命令，在打开的对话框中选择需删除的自造词选项，并单击工具栏中的"删除词条"按钮即可。

问：为什么在微软拼音输入法状态下，按【Shift】键无法实现中/英文输入状态的切换呢？

答：这是由于将切换键更改为【Ctrl】键的缘故。如果不影响正常操作，可以使用【Ctrl】键切换，如果觉得不太习惯，则可打开输入选项设置对话框，在"常规"选项卡中单击选中"上挡键"单选项即可。

拓展知识

微软拼音2010输入法提供了强大的词典功能，合理使用这些词典中的词库，可以在实际工作中更快地输入各种名词和短语，能有效提高文字的输入速度和正确率。下面对词典的几种常见管理方法进行拓展介绍。

1. 加载和卸载词典

打开微软拼音2010输入法的输入选项对话框，单击"词典管理"选项卡后，出现在列表框中的所有选项均是已经安装到输入法中的词典内容了。此时单击选中某个词典对应的复选框，词典中的词库将加载到输入法中，撤消选中某个词典对应的复选框，便可将对应的词库从输入法中卸载。

知识补充　　词典中的词库虽然有助于快速输入汉字，但词库量过大，会影响输入法的响应速度，因此不建议将所有词典都加载到输入法中，应根据自己的行业需要，选择部分适合的词典进行加载。

2. 安装新词典

如果发现当前输入法中已安装的词典对象均不符合自己的需要，则可在输入选项对话框的"词典管理"选项卡中单击 安装新词典(I)... 按钮，微软拼音2010输入法将检查计算机联机状态，成功后会自动指示用户在互联网中选择需要的新词典并将其安装到输入法中。

3. 更新词典

词典中的词库信息是会发生变化的，为了便于输入目前流行或热门的词组，可以定时对词典进行更新操作，方法有两种：一种是在输入选项对话框的"词典管理"选项卡中单击选中"通过Microsoft Update自动更新微软发布的词典"复选框，微软拼音输入法将自动更新词典内容；另一种是单击 立即更新词典(I)... 按钮，微软拼音输入法将马上开始词典更新操作。

课后练习

（1）通过设置将微软拼音输入法的选字框排列顺序更改为"竖排"排列方式。

（2）将"地理"和"天文学"词典添加到微软拼音输入法中。

（3）使用微软拼音–简捷2010输入法输入下面一段话。

满山的油菜花又开了，辛勤的蜜蜂又开始了自己劳作。我最享受的就是闭上双眼听着这"嗡嗡"的劳作之歌。微风起，轻嗅那淡淡的花香，多么和谐美好。

（4）使用微软拼音–新体验2010输入法输入下面一段话。

青春，是一缕烟在懵懵懂懂之间溜走；年华，是指间沙在犹豫不决之中流逝。太多的梦想最终也只是梦想，反倒是现实的残酷才显示出梦想的价值。远方终究是远方，没有勇气，没有尝试，没有努力，远方便也成为了永远的远方。

职业素养　　经常涉及专业领域文字输入的用户，如环境卫生监测领域、天气预报领域等，会需要输入大量的专业名词和术语。要想提高文字输入的速度和正确率，要求相关人员必须具备认真仔细、反复核查的基本能力，并利用输入法提供的词典等功能，不断积累各种名词，才能使输入效率越来越高。

PART 6

项目六
练习五笔字型的字根

情景导入

小白：阿秀，我学习打字已有一段时间了，您什么时候才能教我五笔字型输入法呢？

阿秀：在正式教你五笔字型输入法之前，我想先测试一下你的键盘指法和盲打能力。

小白：没问题！

阿秀：看到你标准的打字姿势和运指如飞的键位指法，是时候教你五笔字型输入法了。

小白：真是太好了，我们是不是从拆分汉字开始呀。

阿秀：一听这话，就知道你不懂五笔。五笔字型输入法是一种典型的形码输入法。因此，在学习五笔输入法之前，首先应该学习汉字字型的基础知识，即从字根开始学习。接下来，你可要仔细听讲了。

学习目标

- 掌握五笔字型输入法的安装方法
- 分区记忆五笔字根在键盘中的分布
- 掌握字根拆分五大原则

技能目标

- 学会安装Windows系统以外的输入法
- 熟记五笔字根在各键位中的分布情况
- 灵活运用字根拆分原则

任务一　安装五笔字型输入法86版

由于五笔字型输入法不是Windows XP操作系统自带的，所以在使用之前首先应该获取该软件的安装程序，然后再将其安装到计算机中。下面将详细介绍五笔字型输入法的获取和安装方法。

一、任务目标

本任务将练习安装王码五笔字型输入法86版。在进行安装之前，首先通过网页获取安装程序，然后再进行安装操作。通过本任务的学习，可以根据实际需求，安装其他五笔输入法至用户的计算机中。

二、相关知识

五笔字型输入法是一种高效的汉字输入法，它的创始人是王永民教授，该输入法具有击键次数少、重码率低、不受方言限制和易学等优点。

1．五笔字型输入法的种类

五笔字型输入法根据构成汉字字根的特征和字型结构确定汉字的编码。目前，常用的五笔字型输入法是86版王码五笔字型输入法和98版王码五笔字型输入法。其中98版五笔型输入法是从86版的基础上发展而来的，本任务将以86版王码五笔输入法为例进行讲解。

经过不断的更新和发展，又逐渐衍生出许多其他类型的五笔字型输入法，如万能五笔、五笔加加、智能五笔、极品五笔等，其用法大致相同。

2．五笔字型输入法的获取

在使用五笔字型输入法之前，首先需要获取其安装程序，获取方法主要有以下3种。

● 通过专业的软件下载网站获取五笔输入法的安装程序，如天空下载（www.skycn.com）、太平洋下载（http://dl.pconline.com.cn/）、华军软件园（www.onlinedown.net/）等，或在经销商处购买五笔字型输入法的安装光盘。

● 通过官方网站获取五笔字型输入法的安装程序。在官网中不仅提供了软件的下载链接，而且还提供了与该软件相关的功能和使用说明。图6-1所示为王码五笔字型输入法的官方网站下载地址（www.wangma.com.cn/wm_download.asp）。

图6-1　王码五笔字型输入法的官网

● 通过Microsoft公司的Office 2000/ XP/ 2003的安装光盘安装。

3. 五笔字型输入法的安装

安装五笔字型输入法的方法很简单，获取安装程序后，双击运行安装程序，然后按照提示一步一步进行安装即可。

三、任务实施

（一）通过下载网站获取安装程序

获取输入法安装程序的方法有很多，其中最常用的方法之一便是从网站获取，该方法既快捷又方便。下面将从知名下载网站"天空下载"（www.skycn.com）中，下载王码五笔字型输入法的安装程序。其具体操作如下。

STEP 1 选择【开始】/【所有程序】/【Internet Explorer】菜单命令，启动IE浏览器。

STEP 2 在地址栏中输入"天空下载"网站网址"www.skycn.com"，然后单击地址栏右侧的"转至"按钮→或直接按【Enter】键，如图6-2所示。

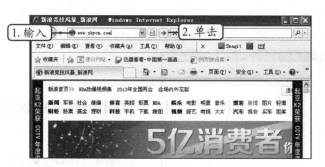

图6-2 输入天空下载网址

STEP 3 打开"天空下载"网站，在右上角的文本搜索框中输入要下载软件的名称，这里输入"王码五笔输入法"，然后单击 软件搜索 按钮，如图6-3所示。

图6-3 输入要下载软件的名称

STEP 4 在打开的网页中将显示符合条件的搜索结果，如图6-4所示，单击网页中的第一个超链接。

STEP 5 进入王码五笔字型输入法下载页面，其中不仅提供了该软件的功能和使用说明，还提供了多个下载链接，在任意一个下载链接上单击鼠标左键。

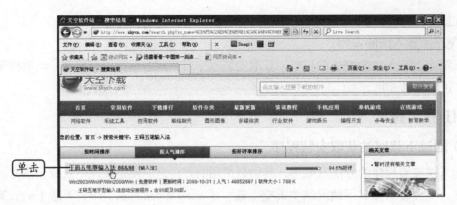

图6-4 单击超级链接

STEP 6 稍后将打开"另存为"对话框，在"另存为"下拉列表中选择软件的保存位置，在"文件名"文本框中输入软件名称，这里保持默认设置，如图6-5所示，然后单击 保存(S) 按钮。

STEP 7 此时，将弹出如图6-6所示的提示对话框，显示软件的下载进度和估计剩余时间。若选中"下载完成后关闭此对话框"复选框，则软件下载完成后将自动关闭该对话框。

图6-5 保存下载的安装程序

图6-6 显示下载参数

操作提示 在图6-6中，如果未选中"下载完成后关闭对话框"复选框，那么完成下载后该对话框中的 打开(O) 和 打开文件夹(F) 按钮将被激活， 打开(O) 按钮将自动变为 运行(R) 按钮。单击 打开文件夹(F) 按钮，将快速跳转到保存该软件时所指定的位置；单击 运行(R) 按钮，则进行软件安装操作。

（二）安装王码五笔86版输入法

成功将王码五笔字型输入法的安装程序保存到计算机中后，下面将王码五笔86版输入法安装到计算机中，其具体操作如下。

STEP 1 在"我的电脑"窗口中打开王码五笔字型输入法安装文件所在目录。这里选择【F:】/【安装程序】/【输入法】/【王码五笔】菜单命令，然后双击可执行文件，如图6-7所示。

STEP 2 打开"王码五笔字型输入法安装程序"对话框，选中"86版"复选框，单击 确定(Q) 按钮，如图6-8所示。

图6-7 双击可执行文件	图6-8 选择要安装的版本

STEP 3 稍作等待后，会打开一个提示对话框，提示安装完毕，单击其中的 确定(0) 按钮完成安装操作。此时，直接按【Ctrl+Shift】组合键便可切换到王码五笔输入法。

任务二　五笔字根分布练习

五笔输入法的实质是根据汉字的组成，先将汉字拆分成字根，再按下各字根所属的编码，即可实现输入汉字的目的。所以在学习五笔字根之前，了解汉字的组成和五笔字根分布规律尤为重要。

一、任务目标

本任务将首先学习汉字的3个层次、5种笔画和3种类型，再熟悉字根的区和位、字根在键盘上的分布等知识。要求熟悉汉字的3种类型，并熟记横、竖、撇、捺、折5个区中各键位上的五笔字根分布情况。

二、相关知识

汉字的基本组成包括3个层次、5种笔画和3种字型，而汉字的结构则根据汉字与字根间的位置关系来确定。下面将分别介绍各组成部分的含义、字根之间的4种结构关系、区和位以及字根分布规律等内容。

1．汉字的3个层次

笔画是构成汉字的最小结构单位，五笔字型输入法就是将基本笔画编排、调整构成字根，然后再将笔画、字根组成汉字。所以从结构上看，可以分为笔画、字根和汉字3个层次，如图6-9所示，各层次的含义如下。

图6-9　汉字的3个层次

- **汉字**：将字根按一定的位置组合起来就组成了汉字。
- **字根**：由2个以上单笔画以散、连、交方式构成的笔画结构或汉字，它是五笔输入法编码的依据。
- **笔画**：是指书写汉字时不间断地一次性连续写成的一个线段。

2．汉字的5种笔画

汉字不计其数，但每个汉字却都是通过几种笔画组合而成的。为了使汉字的输入操作更加便捷，在使用五笔字型输入法时，只考虑笔画的运笔方向，而不计其轻重长短，所以将汉字的诸多笔画归结为横（一）、竖（｜）、撇（丿）、捺（乀）以及折（乙）5种。每一种笔画分别以1、2、3、4、5作为代码，如表6-1所示。

表6-1　汉字的5种笔画

笔画名称	代码	运笔方向	笔画及其变形
横	1	从左到右	一、✓
竖	2	从上到下	｜、亅
撇	3	从右上到左下	丿
捺	4	从左上到右下	乀、丶
折	5	带转折	乙、乛、乚、𠃌 𠃋 乚

● 横（一）：在五笔字型输入法中，"横"是指运笔方向从左到右且呈水平的笔画，如汉字"于"。除此之外，还把"提"笔画（✓）也归为"横"笔画内，如"拒"字中的偏旁部首"扌"的最后一笔就属于"横"笔画。

● 竖（｜）：在五笔输入法中，"竖"是指运笔方向从上到下的笔画，如"木"字中的竖直线段即属于"竖"笔画。除此之外，还把竖左钩（亅）也归为"竖"笔画内，如"划"字中的最后一笔就属于"竖"笔画。

● 撇（丿）："撇"是指运笔方向从右上到左下的笔画。五笔输入法中将不同角度、不同长度的这种笔画都归为"撇"笔画，如汉字"杉"和"天"中的"丿"笔画都属于"撇"笔画。

● 捺（乀）：在五笔输入法中，"捺"是指从左上到右下的笔画，如汉字"入"的最后一笔就属于"捺"笔画。除此之外，还把"点（丶）"也归为"捺"笔画，如汉字"太"中的"丶"笔画就属于"捺"笔画。

● 折（乙）：在五笔输入法中，除竖钩"亅"以外的所有带转折的笔画都属于"折"笔画，如汉字"乃"、"丸"、"甩"和"丑"中都有"折"笔画，如图6-10所示。

图6-10　折笔画

在分析汉字笔画时，认识笔画的运笔方向非常重要。应特别注意"捺"笔画与"撇"笔画的区别，这两个笔画的运笔方向是恰好相反的，需灵活运用。

3．汉字的3种字型

根据构成汉字各字根之间的位置关系，可将汉字分为左右型、上下型和杂合型3种，分别用代码1、2、3表示，如表6-2所示。其中，左右型和上下型汉字统称为合体字，而杂合型汉字又称为独体字。

表6-2 汉字的3种字型

字型	代码	图示	汉字举例
上下型	1		志、墨、茄、怒
左右型	2		仆、做、借、邵
杂合型	3		回、凶、边、句、非、电

- **上下型**：是指能够将汉字明显地分隔为上、下两部分或上、中、下3部分，并且之间有一定距离。其中还包括上面部分或下面部分结构为左右两部分的汉字，如"音"、"京"、"森"、"愁"等字。

- **左右型**：是指能够将汉字明显地分为左、右两部分或左、中、右3部分，并且之间有一定距离。其中还包括左侧部分或右侧部分结构为上下两部分的汉字，如"她"、"傲"、"都"、"经"等字。

- **杂合型**：主要包括全包围、半包围和独体字等汉字结构，这种字型的汉字各部分没有明显距离，无法从外观上将其明确地划分为上下两部分或左右两部分，如"因"、"丈"、"连"、"承"、"凹"、"甩"等字。

4．汉字的结构

在五笔字型输入法中，由基本笔画组成了五笔字根，再由基本字根组成了汉字，不同的位置搭配会产生不同的汉字。因此，了解汉字和笔画、字根间的位置关系有助于准确拆分汉字。总体上，可将汉字与字根间的关系归纳为单、散、连、交4种。

- **"单"结构**：指字根本身就是一个独立的汉字，不能再进行拆分，如"口"、"丁"、"言"、"白"等。

- **"散"结构**：指构成汉字的字根在两个或两个以上，并且字根之间有一定的距离，如"相"、"她"、"号"、"位"等。

- **"连"结构**：指由一个基本字根和单笔画组成的汉字。其中，单笔画可以连前连后或连上连下，如图6-11所示。除此之外，属于"连"结构的汉字还包括"带点结构"，即指汉字是由一个基本字根和一个孤立的点笔画构成，不论汉字中点笔画与基本字根之间的位置关系如何，一律视为"连"结构，如图6-12所示。

图6-11 单笔画与字根相连 　　　　　　　　　图6-12 带点结构

- **"交"结构**：指由两个或两个以上的字根交叉相连而构成的汉字，如"再"、"无"、"必"、"丈"等。

5．区位号

在五笔输入法中，字根分布在除【Z】键外的25个英文字母键位中。为了更好地定位和区分各个键位的字根，引入了一个新概念——区位，下面介绍区位的作用。

- **5个区**：字根的5区是指将键盘上除【Z】键外的25个字母键，分为横、竖、撇、捺和折5个区，并依次用代码1、2、3、4、5表示区号。
- **5个位**："位"是5区中各键的代号，也是用代码1、2、3、4、5表示位号。其中【G】键对应第一区的第一位，则其位号为1；【R】键对应第三区的第二位，则其位号为2，其余键的位号依此类推。
- **区位号**：是指将每个键的区号作为第一个数字，位号作为第二个数字，组合起来表示一个键位，即"区位号"。在键盘上，除【Z】键外的25个字母键都有唯一的编号，如【G】键的区位号是11，【T】键的区位号是31，其余键的区位号依此类推，如图6-13所示。

图6-13　键盘上的区位号

6.字根在键盘上的分布

字根是指由若干笔画交叉连接而形成的相对不变的结构，它是构成汉字的基本单位，也是学习五笔字型输入法的基础。在五笔字型输入法中，将构成汉字的130多个基本字根合理地分布在键盘中的25个键位中，每个键位上分布哪些字根，都有一定规律。

其分布规则是：根据字根的首笔画代码属于哪一区为依据，如"禾"字根的首笔画是"丿"，就归为撇区，即第三区；"城"的首笔画是竖"一"，就归为横区，即第一区。图6-14所示为86版王码五笔字根的键盘分布图。

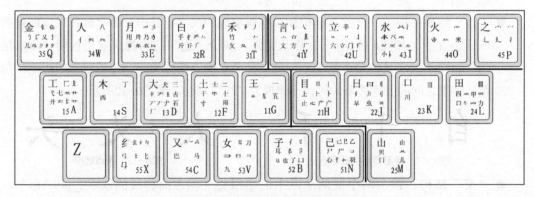

图6-14　86版王码五笔字根的键盘分布图

由字根键盘分布图可以看出，每个字母键位中都分布了多个字根，这些字根包括单个汉字、汉字的偏旁部首和变形笔画等不同类型。所以，在记忆五笔字根时要注意观察字根的外型和笔画，进行灵活记忆。

三、任务实施

（一）分区进行字根练习

在金山打字通2013中，按横、竖、撇、捺和折5个分区来进行字根输入练习，对于输错的字根应重点记忆。通过练习便可掌握大多数字根的键位分布，同时掌握五笔字型输入法。其具体操作如下。

STEP 1 启动金山打字通2013，进入其主界面后单击"五笔打字"按钮 ⑤。

STEP 2 进入"五笔打字"模块，单击"五笔输入法"按钮 ⑤，了解有关五笔输入法的基础知识，通过简单测试后进入下一关"字根分区及讲解"课程，这里单击 跳过讲解 ▶ 按钮，如图6-15所示。

STEP 3 进入"字根分区及讲解练习"界面，在右上角的"课程选择"下拉列表框中选择"横区字根"选项，如图6-16所示 。

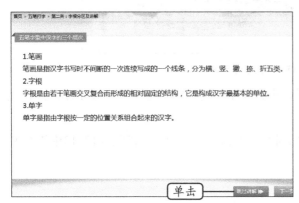

图6-15 跳过"字根分区与讲解"课程　　　　图6-16 选择要的练习的字根

STEP 4 此时，练习窗口上方显示了一行横区字根，根据前面介绍的字根区位号和字根在键盘上的分布规律等相关知识，依次判断出输入文本框中的字根所在键位，然后依次敲击当前字根所对应的键位即可，如图6-17所示。

图6-17 练习输入横区字根

STEP 5 输完一行后，系统会自动翻页，练习输入下一页的内容。同时，在窗口下方将显示输入字根的时间、速度、正确率等信息。

STEP 6 完成横区字根的练习后，软件将打开提示对话框，询问用户是否进行其他区域的字根练习，单击 是 按钮，表示继续进行练习，反之则停止练习。

STEP 7 这里单击 是 按钮，继续进行竖区字根的输入练习，如图6-18所示。

图6-18 练习输入竖区字根

STEP 8 若某个字根所在键位判断错误，则会在下方的模拟五笔键盘中显示 ✖ 键位，此时，用户可查看正确的键位后再重新输入。

STEP 9 熟记横区和竖区字根后，用相同的操作方法继续在金山打字通2013中进行撇区、捺区和折区的字根输入练习。

（二）综合练习所有字根

通过分区练习，熟记各字根的键位分布后，为了进一步加深对五笔字根的记忆，下面继续在金山打字通中对所有五笔字根进行综合练习，其具体操作如下。

STEP 1 在"字根分构及讲解"界面中的"课程选择"下拉列表框中选择"综合练习"课程。

STEP 2 在打开的如图6-19所示的窗口中进行所有字根综合练习，最终达到100字/分以上，正确率在98%以上。

图6-19 字根综合练习

STEP 3 反复练习所有字根，达到练习要求后，单击当前界面右下角的"测试模式"按钮（🗐）。

STEP 4 进入"字根分区及讲解过关测试"界面，此时，测试窗口上方显示了一行字根，在光标闪烁处，输入文本框中显示的字根，如图6-20所示。

STEP 5 测试完成并达到规定条件后，将弹出通关提示对话框。若对自己的测度成绩不满意，可以单击对话框中的 再测一次 🔄 按钮，进行重新测试。

图6-20 字根过关测试练习

 为了快速地记忆所有五笔字根，除了每天坚持使用金山打字通进行一个小时左右的字根输入练习外，还需要一定的想象力，主要是针对某些不规则的（相似或变形）字根进行联想记忆。例如，字根"七"可联想记忆相似字根"乚"，字根"小"可联想记忆变形字根"⺗"。

任务三 运用字根拆分原则练习拆字

熟练记忆所有五笔字根，并掌握字根之间的单、散、连和交4种基本关系之后，就可以尝试拆分一些比较简单的汉字了。但是，为了更加准确地拆分所有汉字，还需要进一步学习字根拆分的五大原则。

一、任务目标

本例将通过理解、记忆方式，对字根拆分的五大原则进行灵活使用。要求通过这五大原则，能够准确快速地拆分大部分常用汉字，一些较为复杂的汉字，则需要反复练习才能掌握其正确的拆分方法。

二、相关知识

字根拆分五大原则包括"书写顺序"原则、"取大优先"原则、"兼顾直观"原则、"能散不连"原则和"能连不交"原则。需要特别注意的是，键名汉字和字根汉字除外。

1．"书写顺序"原则

进行字根拆分操作时，首先要以"书写顺序"为拆字的主要原则，然后再遵循其他拆分原则。"书写顺序"原则是指按书写汉字的顺序，将汉字拆分为键面上已有的基本字根。书写顺序通常为：从左到右、从上到下和从外到内，拆分字根时也应按照该顺序来进行，如图6-21所示。需要注意的是，带"夂、辶"字根的汉字应先拆分其内部包含的字根。

图6-21 按"书写顺序"原则拆分字根

2．"取大优先"原则

"取大优先"原则是指拆分字根时，拆分出来的字根的笔画数量应尽量多，而拆分的字根则应尽量少，但必须保证拆分出来的字根是键面上有的基本字根，如图6-22所示。

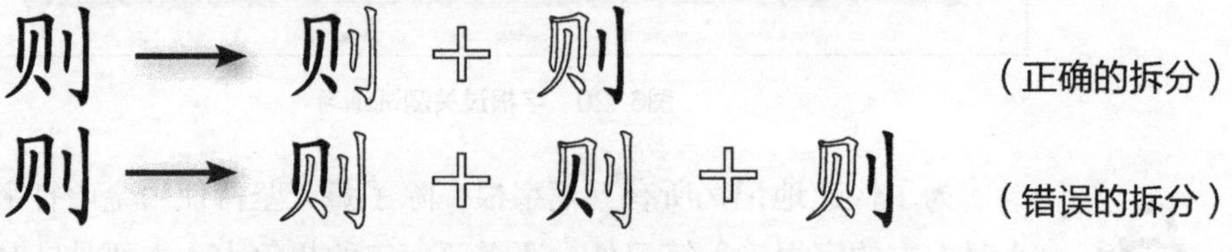

则 ⟶ 则 ＋ 则　　　（正确的拆分）

则 ⟶ 则 ＋ 则 ＋ 则　　（错误的拆分）

图6-22 按"取大优先"原则拆分字根

汉字"则"的第一个字根"冂"，可以与第二个字根"人"合并，形成一个更大的字根"贝"字根。

3．"能连不交"原则

"能连不交"原则是指拆分字根时，能拆分成"连"结构的汉字就不拆分成"交"结构的汉字，如图6-23所示。

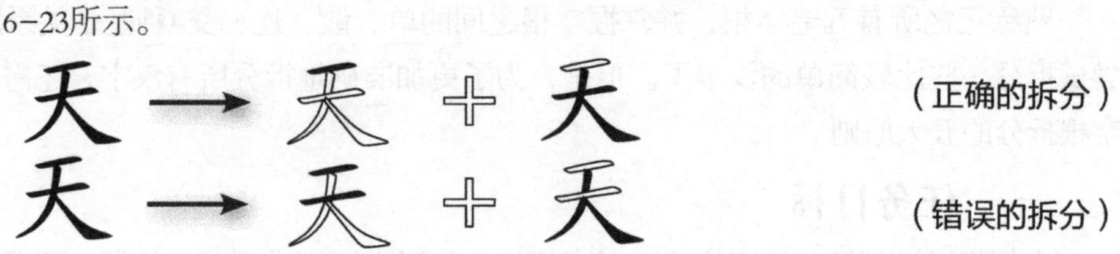

天 ⟶ 天 ＋ 天　　　（正确的拆分）

天 ⟶ 天 ＋ 天　　　（错误的拆分）

图6-23 按"能连不交"原则拆分字根

第一种拆分方法的字根关系为"连"，而第二种拆分方法的字根关系则为"交"，第一种拆分方法才是正确的。

4．"能散不连"原则

"能散不连"原则是指拆分字根时，能拆分成"散"结构字根的汉字就不拆分成"连"

结构字根的汉字，如图6-24所示。

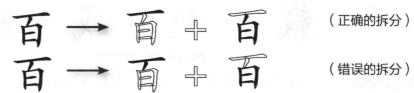

图6-24　按"能散不连"原则拆分字根

5．"兼顾直观"原则

"兼顾直观"原则是指在拆分字根时，为了使拆分出来的字根更直观，要暂时牺牲"书写顺序"和"取大优先"原则，将汉字拆分成更容易辨认的字根，如图6-25所示。

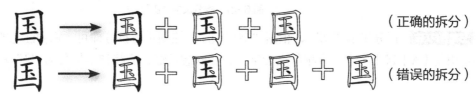

图6-25　按"兼顾直观"原则拆分字根

按"书写顺序"原则"国"字应拆分为字根"冂、王、丶、一"，但这样不能使字根"囗"直观易辨，所以将其拆分为"囗、一、丶"，这就叫做"兼顾直观"原则。

操作提示　拆分字根时应遵循一个总体原则：书写顺序最优先，无论如何也不能连的字就以"取大优先"为准则，只要是能连下来的字就以"兼顾直观"为准则。需要注意的是：上述几项原则相辅相成，并非相互独立。

三、任务实施

（一）拆分常用汉字

根据字根拆分原则，下面将对一些具有代表性的常用汉字，如"出"、"特"、"载"、"初"和"切"进行拆分练习，其中对于一些变形字根的处理显得尤为重要。其具体操作如下。

STEP 1　首先拆分汉字"出"。若按照书写习惯，应将汉字"出"字拆分为"凵、丨、凵"这3个字根。但这样就违背了"取大优先"原则，所以特殊情况中进行拆分操作时，会坚持"取大优先"原则而放弃"书写顺序"原则，即正确拆分为"凵、山"。

STEP 2　拆分汉字"特"，根据"书写顺序"和"能连不交"原则，应将其拆分为字根"丿、扌、土、寸"，而不是"龷、丨、土、寸"，与"特"字拆分类似的汉字还有"牯"、"牧"等。

STEP 3　拆分汉字"载"，根据"取大优先"原则，应先将其拆分为字根"十"和"戈"，再拆分被包围的部分，即"车"字根，如图6-26所示。但这有违"书写顺序"原则，对于此类特殊汉字应单独记忆。与"载"字拆分类似的汉字还有"裁"、"栽"、

"载"等。

$$载 \longrightarrow 载 + 载 + 载$$

图6-26　拆分汉字"载"

STEP 4　拆分汉字"初"，根据"书写顺序"原则进行拆分即可。需要注意的是，偏旁"衤"不是一个字根。应将其拆分成字根"礻"和"丷"，该字的正确拆分结果如图6-27所示。带有"礻"偏旁部首的汉字拆分方法与之相同。

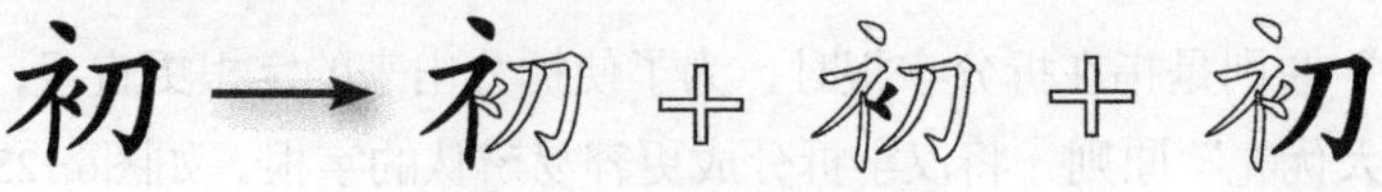

$$初 \longrightarrow 初 + 初 + 初$$

图6-27　拆分汉字"初"

STEP 5　拆分汉字"切"，根据"书写顺序"原则进行拆分即可。需要注意的是，"七"字根是【A】键上"七"字根的变形字根，要联想记忆，应将该字拆分为"七"和"刀"2个字根。

（二）拆分易拆错的汉字

拆分汉字时，应从简单常用的汉字开始进行练习。由易到难、循序渐进。对于一些易拆错且较难拆分的特殊汉字，需要熟记五笔字根，在灵活运用字根拆分原则的基础上正确拆分。下面将拆分易错字"牙、书、既"，其具体操作如下。

STEP 1　拆分汉字"牙"，根据"书写顺序"和"取大优先"原则，应将其拆分为字根"匚、丨、丿"。第一个字根"一"，可以和第二个字根"乚"合并，形成一个"更大"的字根"匚"，这是拆分时容易出错的地方。

STEP 2　拆分汉字"书"，根据"书写顺序"原则进行拆分即可，如图6-28所示。其中第一个笔画"乛"和第二个笔画"乛"较为特殊，由于它们是带转折的笔画，所以将其归结为折区，对应代码为"5"。

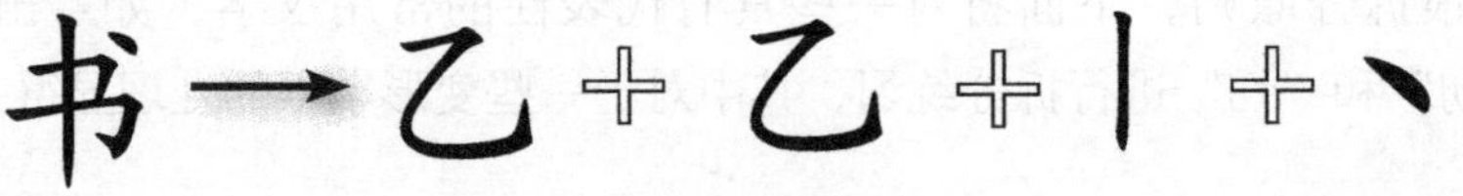

$$书 \longrightarrow 乙 + 乙 + 丨 + 丶$$

图6-28　拆分汉字"书"

STEP 3　拆分汉字"既"，根据"取大优先"和"能散不连"原则，应将其拆分为字根"彐、厶、匚、儿"，如图6-29所示。汉字"既"的右半部分是拆分难点，要重点掌握。

$$既 \longrightarrow 既 + 既 + 既 + 既$$

图6-29　拆分汉字"书"

STEP 4　按照相同的操作思路，继续对汉字"拜、承、黄、彤、铁、貌、像、册、夜、果、渡、曲、店"进行字根拆分练习。

职业素养

五笔字型输入法学习起来很简单，熟记五笔字根后，才能练习打字速度。在学习五笔的过程中应注意以下几点。

①学习五笔字型输入法没有近路，只有通过不断的练习才能学会。五笔要经常用，如果很长时间不用，也会忘记。

②重点练习拆字，在汉字拆分过程中，尤其要注意字根的变形和一些特例情况，这是学习的难点。

③多想多练，不能死记硬背，要善于分析和总结。

实训一　在金山打字通中进行字根练习

【实训要求】

为了进一步巩固对五笔字根的记忆，下面将在金山打字通2013中进行五笔字根的综合练习，要求速度达到120字/分钟，正确率达到100%。

【实训思路】

在金山打字通2013的"五笔打字"模块的第二关进行练习。如果用户对个别区中的字根不是很熟悉，可先单独练习该区中的字根，再进行字根综合练习。

【步骤提示】

STEP 1　启动金山打字通2013，进入"五笔打字"模块的第2关练习界面，在右上角的"课程选择"下拉列表框中选择"综合练习"选项。

STEP 2　在打开的如图6-30所示的窗口中进行字根综合练习，最终达到120字/分钟，正确率为100%。

图6-30　全部字根综合练习

STEP 3　反复练习，直至能够成功记忆全部字根，单击当前窗口右下角的"测试模式"按钮，进行测试，检验记忆成果。

实训二 练习拆分单个汉字

【实训要求】

快速对图6-31所列举的汉字进行拆分练习，将拆分结果填写在对应括号中。

她（　　）	知（　　）	爱（　　）	唱（　　）	案（　　）	暗（　　）
岩（　　）	岸（　　）	爸（　　）	摆（　　）	碍（　　）	啊（　　）
百（　　）	非（　　）	辇（　　）	纺（　　）	理（　　）	优（　　）
存（　　）	错（　　）	答（　　）	逮（　　）	耽（　　）	呆（　　）
股（　　）	顾（　　）	怪（　　）	官（　　）	贯（　　）	规（　　）
近（　　）	禁（　　）	精（　　）	况（　　）	敬（　　）	救（　　）
窝（　　）	温（　　）	煤（　　）	每（　　）	美（　　）	闷（　　）
劝（　　）	券（　　）	君（　　）	线（　　）	容（　　）	海（　　）
添（　　）	填（　　）	跳（　　）	厅（　　）	停（　　）	偷（　　）
焰（　　）	殃（　　）	痒（　　）	腰（　　）	验（　　）	眼（　　）

图6-31　要拆分的汉字

【实训思路】

本实训根据字根间的结构关系、字根拆分原则等相关知识，对列举的汉字进行字根拆分练习。遇到难拆分的汉字时，要多分析该汉字结构并联想与之相关的变形字根。

【步骤提示】

STEP 1 熟记五笔字根并掌握字根拆分原则后，可以实行汉字拆分。例如，"树"字，由字型看出该字为左中右结构，根据"书写顺序"原则，应该将其拆分为"木、又、寸"3个字根。

STEP 2 按照相同的操作思路，拆分剩余汉字。

常见疑难解析

问：如何拆分"剩"字？

答：从字形上看，"剩"字为左右结构，其中较难拆分的部分是左侧的"乘"。根据"取大优先"原则，应将"乘"字拆分为"禾、ㅗ、匕"3个字根，"剩"字的最后拆分结果为"禾、ㅗ、匕、刂"。

问：为何五笔字型只取"横"、"竖"、"撇"、"捺"和"折"5种汉字笔画？

答：因为按汉字笔画的运笔方向可将所有笔画归纳为"横"、"竖"、"撇"、"捺"、"折"5种。这5种笔画也是汉字中最具有代表性的。因此，为了便于用户学习和掌握，就将这5种笔画作为五笔字型中汉字的基本笔画。

问：记忆五笔字根有捷径吗？

答：字根记忆没有捷径，除了勤学苦练，还应该掌握学习方法。可选择一些专业的打字软件进行五笔打字练习，如金山打字通、八哥五笔打字员等。通过这些软件进行科学、系统地学习，可以起到事半功倍的效果。

拓展知识

1. 五笔字根口诀

在记忆五笔字根时，除了要掌握五笔字根的键盘分布图外，还可以借助表6-3所示的五笔字根口诀表进行辅助记忆。

表6-3　五笔字根口诀表

键位	五笔字根口诀	键位	五笔字根口诀
G	王旁青头戋（兼）五一（"兼"与"戋"同音）	T	禾竹一撇双人立（"双人立"即"彳"）反文条头共三一（"条头"即"夂"）
F	土士二干十寸雨，一二还有革字底	R	白手看头三二斤
D	大犬三羊古石厂，羊有直斜套去大（"羊"指羊字底"王"）	E	月彡（衫）乃用家衣底，爱头豹头和豹脚，舟下象身三三里
S	木丁西	W	人和八登祭取字头
A	工戈草头右框七（"右框"即"匚"）	Q	金勺缺点无尾鱼（指"勹"），犬旁留叉多点少点三个夕，氏无七（妻）
H	目具上止卜虎皮	Y	言文方广在四一，高头一捺谁人去
J	日早两竖与虫依	U	立辛两点六门病（疒）
K	口与川，字根稀	I	水旁兴头小倒立（指"氵"）
L	田甲方框四车力（"方框"即"囗"）	O	火业头，四点米
M	山由贝，下框几	P	之字军盖建道底（即"之、宀、冖、廴、辶"），摘礻（示）衤（衣）
N	已半巳满不出己，左框折尸心和羽	C	又巴马，经有上，勇字头，丢矢矣（"矣"去"矢"为"厶"）
B	子耳了也框向上，两折也在五耳里（"框向上"即"凵"）	X	慈母无心弓和匕，幼无力。（"幼"去"力"为"幺"）
V	女刀九臼山朝西（"山朝西"即"彐"）	Z	无

2. 字根的分布规律

仔细观察86版五笔字根的键盘分布图，就会发现每一个键位上的字根分布是有章可循的。大部分五笔字根均遵循以下几点原则：首笔代号与区号基本一致；次笔代号与位号基本一致；单笔画数与位号基本一致；相似字根在相同键位上。

课后练习

（1）在计算机中安装搜狗五笔输入法。通过网官方网站（http://wubi.sogou.com/）获取搜狗五笔输入法的安装程序。步骤提示如下。

STEP 1　在IE地址栏中输入官网地址"http://wubi.sogou.com"，按【Enter】键。

STEP 2 进入如图6-32所示的"搜狗五笔输入法"下载页面，单击其中的 按钮，将安装程序下载至计算机中的目标位置。

STEP 3 双击搜狗五笔输入法的安装程序，打开如图6-33所示的安装向导对话框，根据提示进行安装。

图6-32　下载搜狗五笔输入法

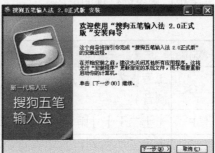

图6-33　安装搜狗五笔输入法

（2）根据五笔字根分布图和字根口诀，判断出下列字根所属键位。

例如：刀　键位（V）

儿：键位（）用：键位（）雨：键位（）丨：键位（）立：键位（）口：键位（）

八：键位（）月：键位（）禾：键位（）目：键位（）早：键位（）水：键位（）

工：键位（）大：键位（）扌：键位（）言：键位（）刂：键位（）灬：键位（）

西：键位（）乃：键位（）十：键位（）止：键位（）冫：键位（）车：键位（）

廿：键位（）斤：键位（）王：键位（）竹：键位（）山：键位（）皿：键位（）

亻：键位（）手：键位（）五：键位（）夂：键位（）彐：键位（）了：键位（）

夕：键位（）犬：键位（）一：键位（）火：键位（）匕：键位（）心：键位（）

（3）根据字根拆分原则练习拆分下列汉字，并指出每一个字根具体位于键盘上的什么键位。

例如：奋　字根（大、田）（D、L）

碌：字根（）（）　　你：字根（）（）　　匠：字根（）（）　　评：字根（）（）

伸：字根（）（）　　好：字根（）（）　　译：字根（）（）　　生：字根（）（）

雪：字根（）（）　　芝：字根（）（）　　明：字根（）（）　　打：字根（）（）

充：字根（）（）　　职：字根（）（）　　学：字根（）（）　　复：字根（）（）

补：字根（）（）　　栏：字根（）（）　　瓜：字根（）（）　　道：字根（）（）

单：字根（）（）　　语：字根（）（）　　练：字根（）（）　　素：字根（）（）

框：字根（）（）　　妈：字根（）（）　　英：字根（）（）　　效：字根（）（）

选：字根（）（）　　弟：字根（）（）　　数：字根（）（）　　等：字根（）（）

项目七
练习五笔字型的输入

情景导入

阿秀：小白，五笔字根记忆得怎么样了呀？

小白：95%以上的字根及对应键位都能熟练掌握了，但是对于某些特殊和变形字根还是不能准确判断。

阿秀：这主要是由于练习量不够造成的，以后还要勤学苦练才行。从今天开始，就教你使用五笔字型输入法来输入汉字的方法。

小白：真是太好了！学了这么长时间的基础知识，总算进入"实战"阶段了。

阿秀：看把你高兴的，平复一下心情，看我如何使用五笔输入法变出汉字来。

学习目标

- 熟悉末笔识别码的判断和添加方法
- 掌握键面汉字的取码规则
- 掌握键外汉字的取码规则
- 掌握简码汉字的取码规则
- 掌握词组的取码规则

技能目标

- 能够正确添加末笔识别码
- 快速输入一级和二级简码汉字
- 通过输入词组提升汉字输入速度

任务一 练习输入键面汉字

键面汉字是指在五笔字型字根表里存在的字根，其本身就是一个简单的汉字。由于键面汉字本身就是字根，采用传统的字根拆分方法无法再将其分解，因此，五笔字型特别为键面汉字制定了一套取码规则，下面将详细介绍。

一、任务目标

本任务将练习输入键面汉字。在进行输入操作前，首先要掌握其取码规则，然后使用正确的键位指法敲击键盘中的对应键位。通过本任务的学习，熟练掌握键面汉字的输入方法。

二、相关知识

键面汉字包括单笔画、键名汉字和成字字根汉字3种，其输入方法均不相同，下面将分别介绍其取码规则。

1．单笔画取码规则

在五笔字型字根表中，有横（一）、竖（丨）、撇（丿）、捺（丶）、折（乙）5种基本笔画，其取码规则为：先按两次该单笔画所在的键位，再按两次L键。

例如，输入单笔画"一"，由于"一"所在的字母键为【G】，所以先按两次【G】键，然后再按两次【L】键，即可得出单笔画"一"的五笔编码"GGLL"。

其他4种单笔画的编码如下。

丨（HHLL）　　　　丿（TTLL）　　　　丶（YYLL）　　　　乙（NNLL）

2．键名汉字取码规则

在五笔字根的键盘分布图中，每一个键位的左上角都有一个简单的汉字（【X】键除外），是键位上所有字根中最具有代表性的字根，称为键名汉字。键名汉字的分布如图7-1所示。

键名汉字的取码规则为：连续敲击该字根所在键位4次。例如，汉字"水"所在键位为【I】，输入该字只需连续敲击4次【I】键即可。

图7-1　键名汉字分布图

3．成字字根汉字取码规则

在五笔字型字根表中，除了键名汉字以外，还有一些完整的汉字字根。如【Q】键上的"夕"字、【T】键上的"竹"字、【E】键上的"用"字等，这些字根本身就是一个汉字，因此称为成字字根汉字。

● **成字字根汉字在键盘上的分布**：在五笔字型字根中，除【P】键外，其余24个字母键中均有成字字根汉字，最多的成字字根汉字高达6个。各键位上分布的成字字根汉字如图7-2所示。

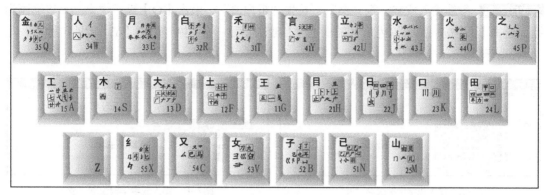

图7-2　成字字根汉字分布图

● **成字字根汉字取码规则**：先敲击成字字根所在的键，称为"报户口"，然后按其书写顺序依次敲击汉字第一笔、第二笔和最后一笔所在键位，若不足4码补击空格键。例如，输入成字字根"石"字，其取码顺序如图7-3所示。

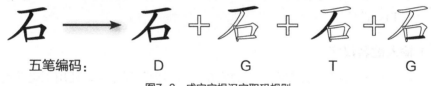

五笔编码：　　　　D　　　　　G　　　　　T　　　　　G

图7-3　成字字根汉字取码规则

三、任务实施

（一）输入成字字根汉字

在记事本中，使用王码五笔字型输入法练习输入如图7-4所示的成字字根汉字。成字字根常被用作某些汉字的偏旁部首，熟记这些字根可以快速进行字根拆分操作。其具体操作如下。

儿	夕	八	用	乃	手	斤	文	厂	方	辛
六	门	小	米	甲	四	力	车	力	川	早
虫	日	止	上	卜	五	士	十	干	寸	雨
古	犬	厂	石	丁	西	七	廿	戈	匕	弓
巴	马	刀	九	耳	也	了	己	尸	由	由

图7-4　练习输入成字字根汉字

STEP 1 选择【开始】/【所有程序】/【附件】/【记事本】菜单命令，启动"记事本"程序。

STEP 2 单击任务栏右侧的"输入法图标" ⌨，在打开的列表中选择"王码五笔字型输入法86版"选项，切换至五笔字型输入法。

STEP 3 输入第一个成字字根"儿",首先"报户口",敲击字根所在键位【Q】键;然后"儿"字首笔画为撇,敲击【T】键;最后一笔为折,敲击【N】键再补击空格键即可输入,如图7-5所示。

STEP 4 继续输入成字字根"夕",首先"报户口",敲击【Q】键;"夕"字首笔画为撇,敲击【T】键;第二笔为折,敲击【N】键;最后一笔为捺,敲击【Y】键即可输入,如图7-6所示。

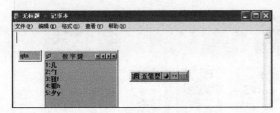

图7-5 输入成字字根汉字"儿"   图7-6 输入成字字根汉字"夕"

STEP 5 按照上面的操作方法和成字字根汉字取码规则,继续输入剩余汉字。

　　　　使用成字字根汉字的输入方法也可以输入五笔字根表中部分键位上的基本字根,如【T】键上的"攵"字根也可用此方法输入,其五笔编码为"TTGY"。

(二)输入键名汉字

完成成字字根汉字的输入操作后,下面将在"写字板"程序中,使用王码五笔字型输入法,按26个英文字母的排列顺序依次输入24个键名汉字,其具体操作如下。

STEP 1 选择【开始】/【所有程序】/【附件】/【写字板】菜单命令,启动"写字板"程序。

STEP 2 按【Ctrl+Shift】组合键,直至切换到"王码五笔字型输入法86版"为止。

STEP 3 首先输入键名汉字"工",由于该字位于一区的【A】键上,因此连续敲击4次【A】键后即可输入,如图7-7所示。

STEP 4 输入键名汉字"子",由于该字位于五区的【B】键上,因此连续敲击4次【B】键即可输入,如图7-8所示。

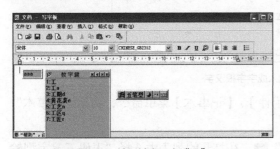

图7-7 输入键名汉字"工"   图7-8 输入键名汉字"子"

STEP 5 按照相同的操作思路,继续输入剩余的22个键名汉字。

认真查看五笔字根口诀表，不难发现键名汉字是每句字根口诀的第一个汉字，因此可通过熟记字根口诀的方式来记忆键名汉字，从而提高键名汉字的输入速度。

知识补充

认真查看五笔字根口诀表，不难发现键名汉字是每句字根口诀的第一个汉字，因此可通过熟记字根口诀的方式来记忆键名汉字，从而提高键名汉字的输入速度。

知识补充

任务二 练习输入键外汉字

键外汉字是指在五笔字型字根表中没有的汉字，其输入方法与键面汉字是完全不同的。下面将详细介绍其输入方法。

一、任务目标

本任务将重点学习键外汉字的取码规则，对于一些需要添加识别码的汉字要重点掌握。通过本任务的学习，能够快速且准确地输入键外汉字。

二、相关知识

键外汉字可细分为不足4码汉字、4码汉字和超过4码汉字3种，下面分别介绍其输入方法。

1．汉字取码规则

键外汉字的取码规则为：根据字根拆分原则，将汉字拆分成基本字根后，依次输入对应的4个编码即可。其中，第一码取汉字的第一个字根，第二码取汉字的第二个字根，第3码取汉字的第3个字根，第4码则取该汉字的最后一个字根。若拆分后不足4码，需要添加末笔识别码输入。

● 拆分不足4码的汉字：汉字"油、粉、尖、家、且"都是少于4个字根的汉字，下面以"油"和"粉"字为例进行拆分操作，如图7-9所示。

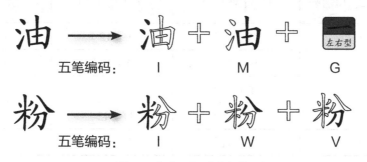

图7-9 拆分不足4个字根的汉字

● 拆分4码汉字：汉字"吨、重、被、第、离、顾、该"都是4个字根的汉字，下面以"吨"和"重"为例进行拆分操作，如图7-10所示。

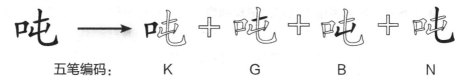

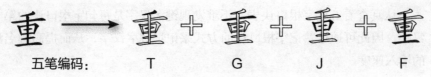

五笔编码：　　T　　　　G　　　　J　　　　F

图7-10　拆分4个字根的汉字

● **拆分超过4码的汉字**：汉字"褪、该、整、貌、舞"都是超过4个字根的汉字，下面以"褪"和"该"字为例进行拆分操作，只取其第1、2、3和最后一个字根，如图7-11所示。

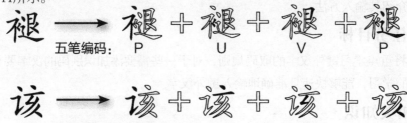

五笔编码：　　P　　　U　　　V　　　P

五笔编码：　　Y　　　Y　　　N　　　W

图7-11　拆分超过4个字根的汉字

2. 末笔交叉识别码

为了尽可能地减少重码，五笔字型编码方案专门引入了末笔交叉识别码。它是由书写汉字时末笔笔画的代码作为末笔识别码的区号，该汉字的字型结构作为末笔识别码的位号。其中左右型为"1"，上下型为"2"，杂合型为"3"，以此组成一个末笔字型交叉识别码表，如表7-1所示。

表7-1　末笔交叉识别码表

末笔画 ＼ 识别码	左右型（1）	上下型（2）	杂合型（3）
横（1）	G（11）	F（12）	D（13）
竖（2）	H（21）	J（22）	K（23）
撇（3）	T（31）	R（32）	E（33）
捺（4）	Y（41）	U（42）	I（43）
折（5）	N（51）	B（52）	V（53）

在判定汉字的末笔识别码时，对于末笔笔画的确定非常重要。除了按书写顺序选取汉字的末笔笔画外，对于全包围、半包围等特殊结构的汉字以及与书写顺序不一致的汉字，还有以下几种特殊约定。

● **全包围、半包围结构汉字末笔码判定**：对于全包围与半包围结构的汉字，如"团、医、凶、边"等，其末笔画规定为被包围部分的最后一笔。例如，"句"是半包围结构的汉字，所以末笔笔画是被包围部分"口"的最后一笔，即"一"，属于

"横"，其区号为"1"。由于它是杂合型，对应位号为"3"，因此得到末笔字型识别码为13，即对应键盘中的"D"键，如图7-12所示。

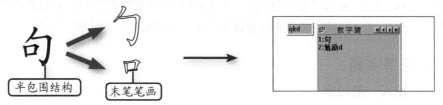

图7-12　半包围汉字的末笔识别码

- **与书写顺序不一致的汉字末笔判定**：对于末笔画的选择与书写顺序不一致的汉字，如最后一个字根是由"九、刀、七、力、匕"等构成的汉字，一律以伸得最长的"折"笔画作为末笔。例如，"仇"字的末笔为"乙"，其字型为左右型，因此得到末笔字型识别码为52，即对应键盘中的"B"键，如图7-13所示。

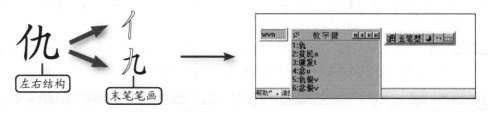

图7-13　书写顺序不一致汉字的末笔识别码

- **带单独点的汉字末笔判定**：对于"义、太、勺"等汉字，均把"、"当做末笔画，即"捺"作为末笔。例如，"义"字的末笔为"、"，字型为杂合型，因此得到末笔字型识别码43，即对应键盘中的"I"键，如图7-14所示。

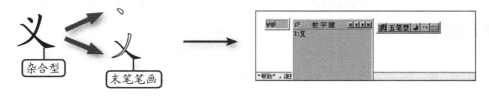

图7-14　带单独点的汉字末笔识别码

- **特殊汉字末笔判定**：对于"我、贱、成"等汉字，其末笔应遵循"从上到下"原则，一律规定为撇"丿"。例如，"伐"字的末笔为"丿"，字型为左右型，因此得到末笔字型识别码31，即对应键盘中的"T"键，如图7-15所示。

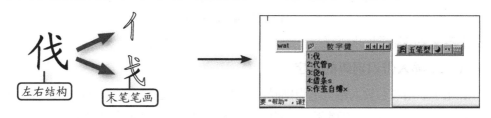

图7-15　特殊汉字的末笔识别码

对于由字根"辶"、"廴"、"门"和"疒"组成的半包围汉字，以及由"囗"组成的全包围汉字，它们的末笔规定为被包围部分的末笔笔画。例如，"困"字的末笔笔画应该为"木"字的最后一笔，即"丶"。

三、任务实施

（一）输入一般汉字

在记事本中练习输入一般汉字"好、能、舞、警、鞋、袜、澳、果、需、辨、计、东、友、所、误、肖、貌、型、灾、蓝、世、多、思"，通过练习进一步巩固不同汉字的取码规则。其具体操作如下。

STEP 1 启动记事本程序，切换到王码五笔字型输入法86版。

STEP 2 输入汉字"好"，根据字根拆分原则中的"书写顺序"原则，先敲击第一个字根"女"所在键位【V】键，然后敲击第二个字根"子"所在键位【B】键，如图7-16所示，最后补击空格键，即可输入该汉字。

STEP 3 输入汉字"能"，根据"书写顺序"原则和四码汉字的取码规则，将汉字拆分为字根"厶、月、匕、匕"，对应的五笔编码为"CEXX"，如图7-17所示。

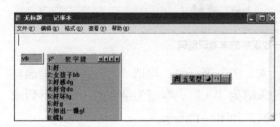

图7-16 输入汉字"好"

图7-17 输入汉字"能"

STEP 4 输入汉字"舞"，由于该汉字可拆分为4个以上的字根，根据超过4码汉字的取码规则，只取其前3个和最后一个字根，然后根据"书写顺序"和"取大优先"原则，将其拆分为字根"𠂉、卅、一、丨"，对应的五笔编码为"RLGH"，如图7-18所示。

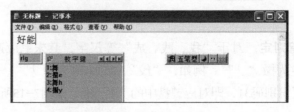

图7-18 输入汉字"舞"

STEP 5 按照相同的操作方法，继续在记事本中输入剩余汉字。

（二）输入带识别码的汉字

在记事本中练习输入带末笔识别码汉字"她、未、飞、昔、固、逐、伦、邑、粉、曲、肖"，在输入过程中要准确判断汉字的末笔画和字型结构。其具体操作如下。

STEP 1 打开记事本程序并切换到五笔字型输入法，首先输入"她"字，由于该字是不足4码汉字，所以只能将其拆分为两个字根"女"和"也"。

STEP 2 由于"她"字是左右型，并且最后一个笔画为"乙"，因此对应末笔交叉识别码为51，即对应键位【N】键。依次敲击两个字根和识别码对应键位【V】、【B】、【N】，如图7-19所示，再补击空格键即可输入该汉字。

STEP 3 输入汉字"未"。首先将其拆分为字根"二、小"，由于"未"字是杂合型，并且末笔画为"、"，所以对应末笔交叉识别码为43，即对应键位【I】键。依次敲击两个字根和识别码对应键位【F】、【I】、【I】，再补击空格键即可输入该汉字，如图7-20所示。

图7-19 输入汉字"她"

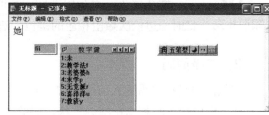

图7-20 输入汉字"未"

STEP 4 按照相同的操作方法，继续输入其他末笔识别汉字。

操作提示　　　末笔交叉识别码是五笔输入法中较难掌握的知识点之一，要熟练掌握其判定方法，对于一些特殊字型应单独记忆。并不是所有汉字都要添加识别码，如成字字根汉字的编码即使不足4码，也一律不加识别码。如果单个汉字添加识别码后仍不足4码，则可按空格键补足。

任务三　练习输入简码汉字

在输入汉字的过程中，有些汉字只需输入第一码或前两码后，再按空格键就可以将它输入到计算机中，这种汉字称为简码汉字，它们都是使用频率较高的汉字。简码汉字减少了击键次数，而且更加容易判定汉字的字根编码和识别码。

一、任务目标

首先学习简码汉字的输入方法，然后再通过大量练习达到快速输入的目的。对于一级和二级简码要熟记，而三级简码只需达到快速输入的效果即可。

二、相关知识

在五笔字型输入法中简码汉字可分为一级简码、二级简码和三级简码3大类。下面分别介绍其输入方法。

1. 一级简码

在五笔字型字根的25个键位中（【Z】键除外），每个键位均对应一个使用频率较高的汉字，称为"一级简码"，如图7-21所示。输入一级简码的方法是：敲击一下简码所在键位，再敲击空格键即可。例如，输入"我"字，只需敲击【Q】键后再补敲空格键即可。

图7-21　一级简码键盘分布

为了方便记忆，可按横、竖、撇、捺和折5个区将一级简码编成口诀："一地在要工，上是中国同，和的有人我，主产不为这，民了发以经"。记忆时一边依次敲击相应的键位一边念口诀，反复练习便可将其牢记。

2．二级简码

二级简码是指只需输入前两位编码的汉字，这样就减少其余编码或最后一个识别码的击键次数，所以输入时相当快捷。二级简码的取码规则是：输入汉字前两个字根所在的编码，然后补击空格键即可，如图7-22所示。

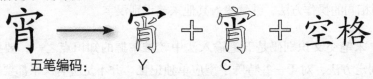

五笔编码：　　　Y　　　C

图7-22　输入二级简码汉字

二级简码共有625个，表7-2中列出了每个键位上对应的二级简码，其中若出现空位则表示该键位上没有对应的二级简码。

表7-2　二级简码表

	GFDSA（11~15）	HJKLM（21~25）	TREWQ（31~35）	YUIOP（41~45）	NBVCX（11~15）
G11	五于天末开	下理事画现	玫珠表珍列	玉平不来	与屯妻到互
F12	二寺城霜载	直进吉协南	才垢圾夫无	坟增示赤过	志地　雪支
D13	三夺大厅左	丰百右历面	帮原胡春克	太磁砂灰达	成顾肆友龙
S14	本村枯林械	相查可楞机	格析极检构	术样档杰棕	杨李要权楷
A15	七革基苛式	牙划或功贡	攻匠菜共区	芳燕东　芝	世节切芭药
H21	睛睦睚盯虎	止旧占卤贞	睡睥肯具餐	眩瞳步眯瞎	卢　眼皮此
J22	量时晨果虹	早昌蝇曙遇	昨蝗明蛤晚	景暗晃显晕	电最归紧昆
K23	呈叶顺呆呀	中虽吕另员	呼听吸只史	嘛啼吵噗喧	叫啊哪吧哟
L24	车轩因困轼	四辊加男轴	力斩胃办罗	罚较　辚边	思团轨轻累
M25	同财央朵曲	由则　崭册	几贩骨内风	凡赠峭　迪	岂邮　凤嶷
T31	生行知条长	处得各务向	笔物秀答称	入科秒秋管	秘季委么第

	GFDSA（11~15）	HJKLM（21~25）	TREWQ（31~35）	YUIOP（41~45）	NBVCX（11~15）
R32	后持拓打找	年提扣押抽	手折扔失换	扩拉朱搂近	所报扫反批
E33	且肝须采肛	胖胆肿肋肌	用遥朋脸胸	及胶腔膝爱	甩服妥肥脂
W34	全会估休代	个介保佃仙	作伯仍人您	信们偿伙	亿他分公化
Q35	钱针然钉氏	外旬名甸负	儿铁角欠多	久匀乐炙锭	包凶争色
Y41	主计庆订度	让刘训为高	放诉衣认义	方说就变这	记离良充率
U42	闰半关亲并	站间部曾商	产瓣前闪交	六立冰普帝	决闻妆冯北
I43	汪法尖洒江	小浊澡渐没	少泊肖兴光	注洋水淡学	沁池当汉涨
O44	业灶类灯煤	粘烛炽烟灿	烽煌粗粉炮	米料炒炎迷	断籽娄烃糯
P45	定守害宁宽	寂审宫军宙	客宾家空宛	社实宵灾之	官字安　它
N51	怀导居　民	收馒避惭届	必怕　愉懈	心习悄屡忧	忆敢恨怪尼
B52	卫际承阿陈	耻阳职阵出	降孤阴队隐	防联孙联辽	也子限取陛
V53	姨寻姑杂毁	叟旭如舅妯	九　奶　婚	妨嫌录灵巡	刀好妇妈姆
C54	骊对参骒戏	骒台劝观	矣牟能难允	驻骈　驼	马邓艰双
X55	线结顷　红	引旨强细纲	张绵级给约	纺弱纱继综	纪弛绿经比

操作提示　　如果要输入二级简码表中的某个汉字，可以先敲击该汉字所在行的字母键，然后再敲击它所在列的字母键即可完成输入。例如，输入"驻"字，应先敲击它所在行的【C】键，再敲击它所在列的【Y】键。

3．三级简码

三级简码是由全码汉字的前三码组成的。在五笔字型中共有4000多个三级简码汉字，不需专门记忆，只需掌握其输入方法后在练习过程中加以记忆即可。三级简汉字的输入方法是：敲击汉字的前3个字根所在键位，然后补击空格键即可，如图7-23所示。

五笔编码：　　　　X　　　　E　　　　F

图7-23　输入三级简码汉字

三、任务实施

（一）输入一级简码汉字

启动写字板程序，根据一级简码的输入方法，使用五笔字型输入法练习输入24个一级简码汉字口诀"一地在要工，上是中国同，和的有人我，主产不为这，民了发以经"。反复练习，直至熟记所有一级简码汉字为止。其具体操作如下。

STEP 1 启动写字板程序，然后按【Ctrl+Shift】组合键切换至王码五笔输入法。

STEP 2 首先对横区一级简码进行输入练习，如输入"一"字，其首笔画为横，位于横区的【G】键上，用右手食指敲击【G】键后，再敲击空格键即可输入。

STEP 3 输入"地"字，其首笔画为横，第二笔画为竖，位于横区的【F】键上，用右手食指敲击【F】键后，再敲击空格键即可输入，如图7-24所示。

图7-24 输入一级简码"一、地"

STEP 4 按照相同方法，反复练习输入横区的其他一级简码汉字，直至熟记。

STEP 5 最后按分区依次输入竖区、撇区、捺区和折区中的一级简码，进一步熟悉各个简码的位置。

（二）输入二级简码汉字

下面继续在写字板中练习输入如图7-25所示的二级简码汉字。刚开始练习时，如果对于个别汉字的拆分方法不了解，可参照表7-2所示进行输入。其具体操作如下。

```
原 闻 事 四 凡 赠 信 凤 晕 互 到 困 打 找 商 生 行 面 历 牙 划 宁 宽 空 家 耿 辽 决
与 侬 多 欠 洒 采 代 近 搂 遇 贞 负 外 早 昌 丰 百 虎 找 后 度 定 陈 卫 阴 降 防 陛
敢 过 此 刘 训 笔 粘 科 管 虽 珍 列 迪 嶙 霜 估 闰 怀 际 介 个 扣 协 现 肯 具 铁 角
客 宾 社 实 们 腥 显 晕 赤 磁 电 切 秘 甩 北 涨 红 旭 强 细 弱 夺 会 关 导 承 站 保
年 楞 表 菜 明 伯 衣 粗 家 习 注 信 及 瞳 灰 曾 砂 李 节 季 第 冯 当 毁 如 张 允 级
三 央 庆 害 耻 间 胼 得 相 才 共 晚 作 认 烽 必 心 洋 勾 科 眩 达 平 灰 权 世 第 么
率 断 姨 妯 难 双 纲 林 财 亲 业 阳 没 辊 员 或 圾 构 胃 所 诉 光 愉 孙 学 帝 入 燕
杰 琼 屯 龙 药 此 公 充 安 寻 细 能 马 台 械 顺 尖 类 寂 渐 务 商 另 夫 格 办 笔 前
兴 懈 阴 就 普 较 芳 过 不 妻 雪 卢 昆 批 色 怪 取 约 录 妈 姝 呆 呀 半 煤 炽 灿 各
向 卤 胡 春 凤 几 瓣 泊 隐 队 变 方 罚 步 坟 来 互 支 眼 紧 他 争 限 陛 约 妨 巡 奶
```

图7-25 要练习的二级简码汉字

STEP 1 首先输入"原"字，"原"可拆分为"厂"、"白"和"小" 3个字根，由于该字为二级简码，所以只需敲击前两个字根对应键位【D】键和【R】键，然后再在敲击空格键即可输入。

STEP 2 "闻"字拆分字根为"门"和"耳"，这两个字根位于【U】键和【B】键中，敲击这两个键后，再敲击空格键即可输入。

STEP 3 "事"字可拆分字根为"一"、"口"、"彐"和"丨" 4个字根，其中前两个字根位于【G】键和【K】键上，敲击这两个键后，再补敲空格键即可输入，如图7-26所示。

STEP 4 按照同样的方法练习输入图7-25中的其他二级简码汉字。

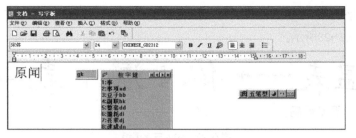

图7-26 输入二级简码"原、闻、事"

知识补充

二级简码汉字大约有600个，如果能记住大部分的二级简码汉字，则会使打字速度产生质的飞跃。但最好不要采用死记硬背的方式来记忆，可通过练习，达到记忆的目的。

任务四 练习输入词组

为了使汉字的输入速度更快，在五笔字型输入法中，除了可以输入简码汉字外，还可以进行词组输入，而且输入词组并没有增加编码数量，仍然可以使用四码。

一、任务目标

本任务将学习二字词组、三字词组、四字词组和多字词组的取码规则，然后进行练习以提高打字的速度。

职业素养

不同版本的五笔字型输入法，输出的词组内容会有所不同。例如，使用万能笔输入法能输出词组"便民服务"，而使用王码五笔字型输入法输入86版则不能输出该词组，所以，选择适合的五笔字型输入法很重要。

二、相关知识

在五笔字型输入法中，不同类型的词组，其取码规则也不相同，因此，下面将分别介绍二字词组、三字词组、四字词组和多字词组的取码规则。

1．二字词组取码规则

二字词组指包含两个汉字的词组，这类词组最常见，如"教师"、"电脑"、"幸福"等。二字词组的取码规则为：分别取第1个字和第2个字的前两码，如图7-27所示。

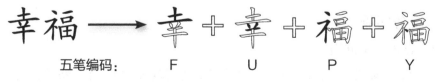

五笔编码： F U P Y

图7-27 输入二字词组

2．三字词组取码规则

三字词组即包含3个汉字的词组，如"体温表"、"信用卡"、"青春期"等。其取码

规则为：第1个字的第1个字根+第2个字的第1个字根+最后1个字的第1个字根+最后1个字的
第2个字根，如图7-28所示。

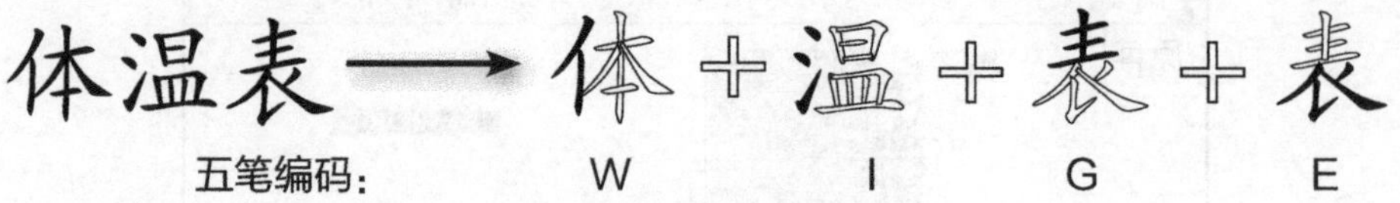

体温表 —→ 体 + 温 + 表 + 表

五笔编码：　W　I　G　E

图7-28　输入三字词组

3．四字词组取码规则

日常工作或生活中常见的成语便属于四字词组，不过一些由4个汉字组成但不是成语的
词组也属于四字词组，如"不可否认"、"其貌不扬"、"和平共处"等。其取码规则为：
第1个字的第1个字根+第2个字的第1个字根+第3个字的第1个字根+第4个字的第1个字根，如
图7-29所示。

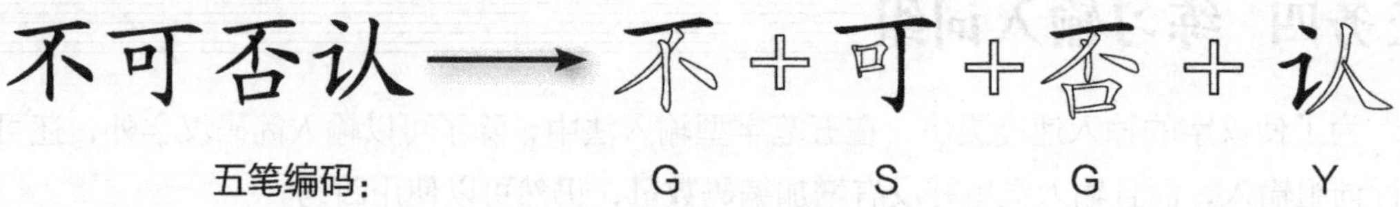

不可否认 —→ 不 + 可 + 否 + 认

五笔编码：　G　S　G　Y

图7-29　输入四字词组

4．多字词组取码规则

超过4个汉字的词组都属于多字词组，如"中华人民共和国"、"新闻发言人"、"有
志者事竟成"等。这种词组虽然字数较多，但在输入时也只取4码。其取码规则为：第1个
字的第1个字根+第2个字的第1个字根+第3个字的第1个字根+最后1个字的第1个字根，如图
7-30所示。

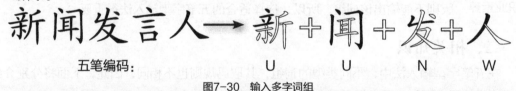

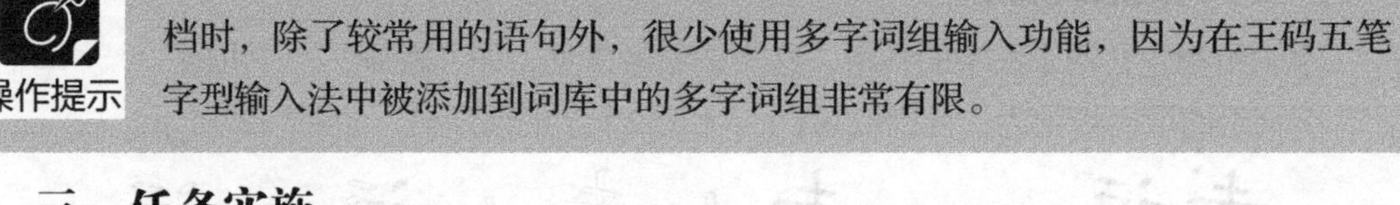

新闻发言人 —→ 新 + 闻 + 发 + 人

五笔编码：　U　U　N　W

图7-30　输入多字词组

操作提示　虽然五笔字型输入法提供了多字词组的输入功能，但通常在输入长篇文
档时，除了较常用的语句外，很少使用多字词组输入功能，因为在王码五笔
字型输入法中被添加到词库中的多字词组非常有限。

三、任务实施

（一）输入二字词组

掌握二字词组取码规则后，启动记事本程序，练习输入二字词组"快乐、允许、情节、
高尚、举例、规则、想念、生活、年龄、课程、学习、教师、学校"。其具体操作如下。

STEP 1　启动记事本程序后，选择五笔字型输入法。

STEP 2　在二字词组"快乐"中，"快"的前两个字根为"忄"和"ユ"；"乐"的前

两个字根为"乚"和"小",依次敲击这4个字根对应的五笔编码【N】、【N】、【Q】和【I】即可输入。

STEP 3 在词组"允许"中,"允"字的前两个字根为"厶"和"儿";"许"的前两个字根为"讠"和"丿",依次敲击这4个字根对应的五笔编码【C】、【Q】、【Y】和【T】即可输入,如图7-31所示。

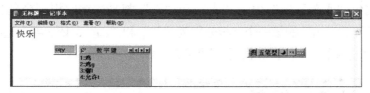

图7-31 输入词组"允许"

STEP 4 按照二字词组取码规则,继续练习输入其他二字词组。

(二)输入三字词组

掌握三字词组取码规则后,启动记事本程序,练习输入三字词组"电视机、葡萄酒、飞行员、体温表、仪仗队、数学系、见习期、劳动者、办公厅、穷光蛋、初学者、联合体"。其具体操作如下。

STEP 1 启动记事本程序后,选择五笔字型输入法。

STEP 2 三字词组"电视机"中第一个字"电"的第一个字根为"日","视"的第一个字根为"礻","机"的前两个字根为"木"和"几",依次敲击这4个字根对应的五笔编码【J】、【P】、【S】和【M】即可输入。

STEP 3 3字词组"葡萄酒"中第一个字"葡"的第一个字根为"艹","萄"的第一个字根为"艹","酒"的前两个字根为"氵"和"西",依次敲击这4个字根对应的五笔编码【Q】、【Q】、【I】和【S】即可输入。

STEP 4 3字词组"飞行员"中第一个字"飞"的第一个字根为"乙","行"的第一个字根为"彳","员"的前两个字根为"口"和"贝",依次敲击这4个字根对应的五笔编码【N】、【T】、【K】和【M】即可输入,如图7-32所示。

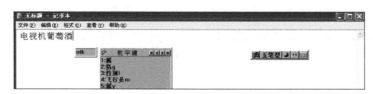

图7-32 输入词组"飞行员"

STEP 5 按照三字词组取码规则,继续练习输入其他的三字词组。

(三)输入四字词组

掌握四字词组取码规则后,启动记事本程序,练习输入四字词组"爱莫能助、出其不意、水落石出、企业管理、停滞不前、容光焕发、燃眉之急、艰苦奋斗、能工巧匠、默默无闻、斩草除根、通情达理、天气预报、不折不扣、再接再厉"。其具体操作如下。

STEP 1 启动记事本程序后，选择五笔字型输入法。

STEP 2 词组"爱莫能助"中各个字的第一个字根分别为"⺥"、"艹"、"厶"和"月"，依次敲击这4个字根对应的五笔编码【E】、【A】、【C】和【E】即可输入。

STEP 3 词组"出其不意"中各个字的第一个字根分别为"凵"、"艹"、"一"和"立"，依次敲击这4个字根对应的五笔编码【B】、【A】、【G】和【U】即可输入。

STEP 4 词组"水落石出"中，"水"和"石"都是成字字根，分别位于【I】键和【D】键；"落"和"出"的第一个字根分别为"艹"和"凵"，依次敲击这4个字根对应的五笔编码【I】、【A】、【D】和【B】即可输入，如图7-33所示。

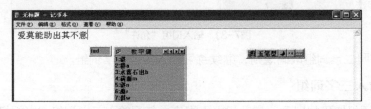

图7-33 输入词组"水落石出"

STEP 5 按照四字词组取码规则，继续练习输入其他的四字词组。

操作提示 　在输入词组时，若该词组中的某个汉字本身就是成字字根汉字，那么在取其编码时，该汉字的第一个字根便是成字字根所在的键位，第二个字根则是按书写顺序的第一笔所在键位。

实训一 练习输入单字

【实训要求】

在金山打字通2013中进行单字输入练习，其中包括一级简码汉字、二级简码汉字、常用字、易错字等不同课程，通过练习实现快速掌握正确的拆字与输入单个汉字的方法。

【实训思路】

本实训需要综合运用字根拆分原则和单字取码规则等知识点，依次进行一级简码汉字、二级简码汉字、常用字和易错字输入练习。其中，对于一级简码汉字和键名汉字的输入方法要特别注意。

【步骤提示】

STEP 1 启动金山打字通2013，进入其主界面后单击"五笔打字"按钮五。

STEP 2 进入"五笔打字"界面，然后单击"单字练习"按钮。

STEP 3 打开"单字练习"界面，在"课程选择"下拉列表框中选择"一级简码综合1"课程。

STEP 4 按【Ctrl+Shift】组合键切换到王码五笔输入法，然后根据一级简码汉字取码规则进行输入练习，如图7-34所示，输完一行后，系统自动翻页。在进行输入练习时，要坚持并注重输入质量。

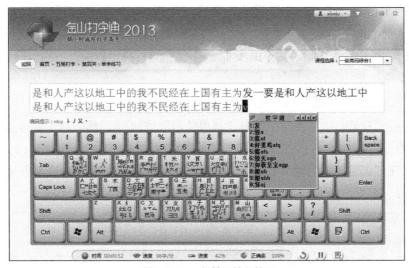

图7-34　一级简码输入练习

STEP 5 反复练习，直至能够成功记忆全部一级简码后，在"课程选择"下拉列表框中继续选择"二级简码"课程进行练习，如图7-35所示。

图7-35　二级简码输入练习

STEP 6 最后进行常用字和易错字输入练习，直至达到100字/分钟，正确率为95%以上。

实训二　练习输入词组

【实训要求】

根据不同语组的取码规则，在金山打字通2013中对二字词组、三字词组、四字词组以及多字词组进行输入练习，其中，重点练习二字词组。若遇到无法拆分的汉字时，再查看编码提示信息。

【实训思路】

本实训首先进入"五笔打字"模块，然后打开第4关"单字练习"窗口，在"课程选择"下拉列表框中选择要练习的课程，最后严格按拆分原则和词组取码规则进行输入。当出现击键错误时，可用右手小指敲击【Back Space】键删除，再重新输入正确字母。

【步骤提示】

STEP 1 启动金山打字通2013，进入其主界面后单击"五笔打字"按钮五。

STEP 2 在"五笔打字"界面中单击"词组练习"按钮，然后在"课程选择"下拉列框中选择要练习的单字课程，这里选择"二字词组1"课程。

STEP 3 在"词组练习"输入界面上方自动显示要练习的汉字，切换至五笔字型输入法进行输入练习，如图7-36所示。

图7-36　二字词组输入练习

STEP 4 练习完当前课程后，继续选择三字词组、四字词组和多字词组等进行练习。

实训三　练习输入文章

【实训要求】

在金山打字通2013中进行文章练习，在练习的过程中要使用正确的键位指法，并灵活运用简码和词组的输入方法，这样能提高汉字的输入速度。要求最终达到120字/分钟，正确率为100%。

【实训思路】

本实训将在"五笔打字"模块中的"文章练习"界面中进行输入练习，当遇到需要输入主键盘区中的上挡字符时，尽量做到按标准的键位指法进行击键，然后快速将手指回归至基准键位，以便下一次的击键操作。

【步骤提示】

STEP 1 启动金山打字通2013后，在其主面中单击"五笔打字"按钮五。

STEP 2 进入"五笔打字"界面后，单击其中的"文章练习"按钮 🖼，然后在"课程选择"下拉列表框中选择练习的文章，这里选择"希望"选项。

STEP 3 输入界面中显示的文章内容，如图7-37所示。切换至五笔字型输入法后，开始练习输入文章，练习完该课程后，还可以继续选择其他文章进行练习，直至达到练习要求。

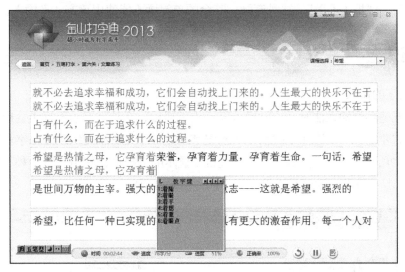

图7-37　文章输入练习

常见疑难解析

问：词组中若包含一级简码或键名汉字时又该如何取码呢？

答：如果词组中某个汉字本身就是一级简码，那么在取其编码时，就按单个汉字的拆分原则对一级简码汉字进行拆分即可；如果词组中某个汉字本身就是键名汉字，那么在取其编码时，该汉字的第1码和第2码均是键名字根所在键位，如图7-38所示。

图7-38　输入含键名汉字的词组

问："凸"字如何输入？

答：该汉字属于杂合型，根据"书写顺序"原则，不难判断出该汉字的第一笔画为第1个字根"丨"，第二笔画为第2个字根"一"，而第三笔画和第四笔画根据"取大优先"原则，可以将其组成一个更大的字根"冂"，末笔画对应的字根为"一"。因此，"凸"字应拆分为"丨"、"一"、"冂"、"一"这4个字根，与之对应的五笔编码为【H】、【G】、【M】、【G】。

问：是否每一个单笔画都可以使用"连续敲击其对应键位两次，然后再补敲【L】键两次"的方法来输入？

答：在五笔字型输入法中，如果要使用"连续敲击其对应键位两次，然后再补敲【L】键两次"的方法来输入单笔画，只局限于"横（一）"、"竖（丨）"、"撇（丿）"、"捺（丶）"、"折（乙）"这5种笔画，其余的单笔画不能使用该方法来输入。

拓展知识

1. 重码字的输入

在使用五笔字型输入法时，有时输入某一组编码后，在其文字候选框中会出现几个不同的字，这时需要进行一次选择才能输入所需汉字。这几个具有相同编码的汉字就称为"重码字"。图7-39所示为输入"lwet"后，系统自动显示的选择框，其中"轸"和"畛"两个字的输入编码都是一样的，这便是五笔字型中的"重码"现象。

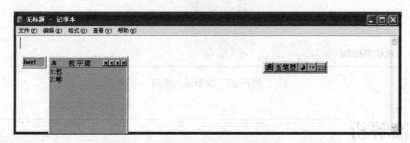

图7-39　显示的重码字

在有重码字的文字候选框中，通常将最常用的重码字放在第一位，只需直接敲击空格键便可将该汉字自动输入到编辑位置。若需要输入的是重码字中的其他汉字，则可根据它前面对应的数字键"1、2、3…"输入相应的数字即可。

2. 简码和词组的输入流程

通过前面的学习，对于各种类型的简码和词组的输入流程有了大致的了解。下面将以图表的形式对简码和词组的输入流程进行总结，加深印象，如图7-40所示。

五笔字型输入法
简码
- 一级简码：该简码所在键位＋空格键，如：工（A＋空格）、了（B＋空格）
- 二级简码：前两个字根＋空格键，如：悄（NI＋空格）、好（VB＋空格）
- 三级简码：前三个字根＋空格键，如：源（IDR＋空格）、例（WGQ＋空格）

词组
- 两字词组输入方法：第1个字的前两个字根＋第2个字的前两个字根
  如：快乐（NNQI）、生活（TGIT）
- 三字词组输入方法：第1、2个字的第1个字根＋第3个字的前两个字根
  如：戈壁滩（ANIC）、能源部（CIUK）
- 四字词组输入方法：分别取第4个汉字的第1个字根
  如：爱莫能助（EACE）、争分夺秒（QWDT）
- 多字词组输入方法：前3个汉字的第1个字根＋最末1个字的第1个字根
  如：快刀斩乱麻（NVLY）、以经济建设为中心（NXIN）

图7-40　简码和词组输入流程

课后练习

（1）写出下列成字字根汉字和键名汉字的五笔编码，并以100字/分钟的速度将它们输入到Windows自带的"记事本"程序中。

儿	夕	用	巴	马	车	甲	早	车
虫	贝	几	耳	刀	九	弓	匕	寸
米	五	辛	门	六	文	方	竹	止
斤	七	丁	西	犬	古	石	十	石
寸	雨	上	止	川	力	四	己	由
乙	羽	心	也	了	由	厂	士	几
工	木	大	土	王	目	日	口	耳
田	金	人	月	白	禾	言	立	言
水	火	之	山	己	子	女	又	禾

（2）启动写字板程序，用五笔字型输入法练习输入下面的4码汉字、不足4码的汉字和超过4码的汉字。当遇到需要添加末笔识别码的汉字时，要认真分析其字型结构和末笔画。

● 左右型

把	峡	能	提	例	炳	俩	融	陕	误	胚
辣	侠	鞋	晓	期	假	恒	则	括	码	私
程	练	孩	钮	切	仰	故	阴	掉	暗	虾
弹	髓	防	妇	换	吧	她	朽	妒	拦	计
短	时	汉	姓	明	输	垃	配	优	付	唯

● 上下型

草	亩	爸	兑	企	旱	美	丽	尚	芦	足
芯	杀	余	灭	关	忌	卡	弄	忘	荒	盟
忍	杏	邑	黑	玄	贾	音	型	盖	零	愁
落	去	哭	雷	志	皇	春	学	茄	宋	父
要	崇	岁	蕊	弄	旦	青	字	宋	会	基

● 杂合型

飞	曳	未	甘	乡	万	屎	君	卜	井	血
凹	刁	自	尺	申	央	应	头	州	里	巾
勺	丹	区	连	刃	圆	故	斗	闲	成	戊

（3）启动写字板程序，使用五笔字型输入法练习输入下面的二字词组、三字词组、四字词组以及多字词组。注意词组中包含键名汉字、成字字根汉字和一级简码的取码规则。

● 二字词组

电报	符合	读者	笑容	足球	经济	故事	姐姐	爆发
队伍	下班	笔记	背后	档案	冬天	机智	风暴	笑容
爷爷	帮助	悲哀	灿烂	快乐	灯光	血液	宾馆	表达
询问	部门	辞典	担保	都市	动脉	奥秘	硬件	阿姨
样式	勘查	表格	频繁	非常	效果	锻炼	悲壮	仿佛
沟通	冒充	躲藏	歌曲	侮辱	迅速	纸盒	台灯	演练

● 三字词组

主动脉	实习生	领导者	服务台	办公楼	自治区	闭幕式
形象化	招待所	自动化	圣诞节	奥运会	少数派	笔记本
编辑部	出版社	数学系	马铃薯	小分队	猪八戒	体温表
助学金	金字塔	信用卡	爆炸性	跑买卖	展销会	大踏步

● 四字和多字词组

飞黄腾达	口若悬河	炎黄子孙	爱莫能助	以权谋私	生龙活虎
十全十美	日新月异	轻描淡写	根深蒂固	停滞不前	光怪陆离
开源节流	自食其果	大江东去	企业管理	体力劳动	急流勇退
形影不离	自欺欺人	斩草除根	艰苦卓绝	能工巧匠	绞尽脑汁

百闻不如一见	喜马拉雅山	当一天和尚撞一天钟	理论联系实际
可望而不可及	风马牛不相及	更上一层楼	剩余劳动力 消费者协会

（4）在金山打字通 2013中进行文章测试练习，检验自己的学习成果。在测试过程中要善于输入简码和词组，以提高打字速度。图7-41所示为测试界面。

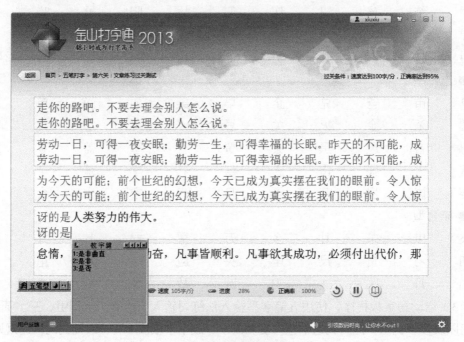

图7-41　文章测试练习

PART 8

项目八
综合练习中英文打字

情景导入

小白：阿秀，我现在每分钟能打80个汉字了，厉害吧！

阿秀：厉害！不过，要想成为打字高手，80字/分钟是远远不够的，你还要每天坚持练习。

小白：嗯，我一直坚持使用金山打字通软件进行打字练习。

阿秀：其实练习打字的环境有很多，除了常用的金山打字通、记事本和写字板程序外，Word软件也是不错的选择。下面我就教你如何在Word程序中进行中英文打字练习。

小白：好的！你快教教我。

学习目标

- 综合练习英文打字
- 综合练习五笔打字
- 综合测试打字速度

技能目标

- 学会中英文打字速度测试方法
- 能够在不同的打字环境进行打字练习

任务一　综合练习英文打字

下面将综合练习英文打字，主要巩固和加强用户对键位指法和击键要领的掌握情况，同时锻炼用户快速输入英文文章的能力。

一、任务目标

本任务将在Word 2003中练习单词和文章两部分内容。其中单词练习主要是对键位指法的应用能力进行训练，文章练习则主要是进行综合输入能力的训练。通过本任务的学习，可以使用户的英文输入速度有质的飞跃。

知识补充

Word是Microsoft公司开发的办公系统软件Office的核心组件之一，主要用于文字处理，其工作界面如图8-1所示。它的功能非常强大，可以轻松地制作各种图文并茂的文档，如个人简历、工作计划、会议通知等。

图8-1　Word工作界面

在专业文字处理软件中练习打字的同时，还可以学习如何编辑文档，既提高了学习兴趣，又增长了知识。

二、任务实施

（一）单词练习

在Word文档中练习输入如图8-2所示的单词，对于某些较长的单词，不要害怕，只需按照正确的键位指法反复练习便可轻松输入。要求单词的输入速度达到120字/分钟，正确率为98%以上。其具体操作如下。

Saturate dissolve percolate perceive summarize modify divorce elaborate fulfill reshape encounter objectify confront

smother shelter enhance complement withstand settle inhabit replenish assemble compose conclude tolerate associate squander

allocate compensate displace plummet reveal smear obliterate substantiate elongate stretch interfere eliminate collide

outwash crevice speculation ceremony narrator impersonation imitation antecedent penchant moisture evergreen latitude duration

cessation avalanche velocity altitude snowdrift architecture aspiration harmony architect construction inspiration component

depletion aquifer sandstone suggestive stability ecosystem property observation complexity invasion definition disturbance tricycle

expenditure extinction maintenance package dispersal landslip colonization predation continuum parade pigment recess trance

weightlessness credence consciousness intelligence dioxide drawback briefly whereby instinctively dramatically onward flexibly

migratory abundant incredible unconsolidated conventional autonomous aesthetic efficacious imitative semiarid alpine indigestible

occasional equatorial prevalent symbolic dimensional feasible mediocre contemporary integral enormous interior semiarid ensuing

图8-2　练习输入的单词

STEP 1 选择【开始】/【所有程序】/【Microsoft Office】/【Microsoft Office Word 2003】菜单命令，启动Word。

STEP 2 切换至英文输入状态，将双手十指放在基准键位上，用右手小指按住【Shift】键的同时，用左手无名指敲击【S】键，即可输入大写字母"S"。

STEP 3 依次用左手小指、左手食指、右手食指、左手食指、左手小指、左手食指和左手中指敲击键盘中的【A】、【T】、【U】、【R】、【A】、【T】和【E】键，即可输入单词"Saturate"，如图8-3所示。

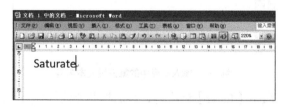

图8-3 输入第一个单词"Saturate"

STEP 4 按照相同的操作方法，继续输入其他单词。需要注意的是，单词之间的间隙，按两次空格键即可。

（二）文章练习

文章练习包括字母、数字、标点符号等全方位的综合练习。下面将在Word中练习输入如图8-4所示的英文文章，要求坚持盲打，输入速度达到80字/分钟，正确率为98%以上。其具体操作如下。

I will persist until I succeed.

Part 1

I will never consider defeat and I will remove from my vocabulary such words and phrases as quit, cannot, unable, impossible, out of the question, improbable, failure, unworkable, hopeless, and retreat; for they are the words of fools. I will avoid despair but if this disease of the mind should infect me then I will work on in despair. I will toil and I will endure. I will ignore the obstacles at my feet and keep mine eyes on the goals above my head, for I know that where dry desert ends, green grass grows.

Part 2

Henceforth, I will consider each day's effort as but one blow of my blade against a mighty oak. The first blow may cause not a tremor in the wood, nor the second, nor the third. Each blow, of itself, may be trifling, and seem of no consequence. Yet from childish swipes the oak will eventually tumble. So it will be with my efforts of today.

Part 3

I will remember the ancient law of averages and I will bend it to my good. I will persist with knowledge that each failure to sell will increase my chance for success at the next attempt. Each nay I hear will bring me closer to the sound of yea. Each frown I meet only prepares me for the smile to come. Each misfortune I encounter will carry in it the seed of tomorrow's good luck. I must have the night to appreciate the day. I must fail often to succeed only once.

图8-4 练习输入的英文文章

STEP 1 启动Word 2003，利用左手小指敲击键盘上的【Caps Lock】键，点亮状态指示灯区中的"Caps Lock"灯，进入大写字母输入状态，然后利用右手中指敲击【I】键，输入文章开头的第一个大写字母"I"。

STEP 2 利用左手小指敲击键盘上的【Caps Look】键，关闭 "Caps Lock" 灯，然后用拇指敲击空格键。

STEP 3 继续使用正确的键位指法输入第一段内容，如图8-5所示。

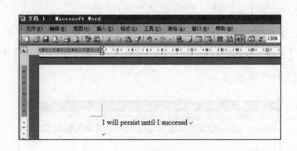

图8-5 输入文章中的第三段文本内容

STEP 4 用右手小指敲击【Enter】键换行，然后按照相同操作方法，输入文章剩余内容。对于文章中出现的数字键，最好不要使用小键盘输入，可直接用主键盘区中的数字键输入。

任务二 综合练习五笔打字

综合练习五笔打字主要是锻炼用户对末笔交叉识别码的应用能力和快速输入文章的综合能力。下面将分别介绍其练习方法。

一、任务目标

本任务将在Word中进行常用汉字、难拆汉字和文章输入练习。通过本任务的学习，将前面所学的单字、简码和词组的输入方法进行综合练习，进一步巩固五笔打字的相关知识，并在不断练习中达到提升汉字输入速度的目的。

二、任务实施

（一）练习输入常用汉字

在Word中练习输入如图8-6所示的常用汉字，其中包括成字字根汉字和键名汉字，在输入时要注意区分此类汉字的拆分方法。通过练习进一步熟记二级和三级简码。其具体操作如下。

粗	十	丁	厂	八	九	几	儿	了	力	乃
刀	又	工	大	丈	与	万	川	亿	个	勺
久	凡	及	丸	厂	亡	义	丰	王	井	开
夫	专	车	巨	牙	凶	乏	仓	氏	风	丹
勺	乌	凤	勾	文	孔	去	甘	甘	归	且
且	号	史	叼	四	丘	圣	对	台	矛	扬
剁	母	幼	丝	执	巩	扳	扫	匠	寄	夺
压	厌	在	有	百	存	而	负	各	名	色
灰	肌	朵	杂	危	旬	旨	刘	妄	闭	羊
壮	冲	冰	庄	庆	亦	刻	戒	远	连	运
并	寿	佣	弄	菱	形	位	吞	伴	皂	佛
扶	低	弟	你	住	沙	汽	沃	身	沟	驳
灶	灿		汪					泛		纸

图8-6 练习输入常用汉字

STEP 1 启动Word 2003后，切换到王码五笔字型输入法86版。

STEP 2 输入汉字"粗"，根据字根拆分原则，可将其拆分为"米、月、一"这3个字根，由于该汉字为二级简码，所以只需输入前两个字根对应的五笔编码后，再补击空格键，即可输入该汉字。图8-7所示为输入前3码后的效果。

STEP 3 输入汉字"十"，该汉字为成字字根汉字，所以将其拆分为"十、一、丨"这3个字根，对应的五笔编码为【F】、【G】和【H】，输入正确编码后再补击空格，即可输入该汉字。图8-8所示为输入前3码后的效果。

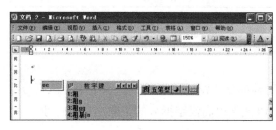

图8-7 输入汉字"粗"

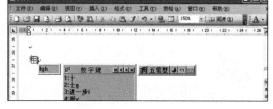

图8-8 输入汉字"十"

STEP 4 按照相同的操作思路，继续输入其他常用汉字。在进行输入操作时，要正确判断该汉字的类型，如是否是键名汉字、成字字根汉字或简码汉字等，这样才能根据相应原则进行正确拆分。

（二）练习输入难拆汉字

难拆汉字往往会成为初学者的绊脚石，它将会大大影响文字的输入时，要想克服这一困难，最好的办法就是多练习。下面将在Word中输入如图8-9所示的难拆汉字，在输入过程中要灵活使用末笔交叉识别码。其具体操作如下。

浪 牢 豫 勒 敛 撩 聊 僚 龄 留 窿 鹿 旅 率 卵 麦 矛 妻
茂 貌 妹 浓 冕 面 蔫 灭 鸣 牟 篙 乃 囊 蒿 鸟 孽 刃
凝 纽 歉 羌 疟 爬 牌 叛 抨 片 撇 瞥 瓶 破 圈 扰 塑
遣 柔 伞 衣 墙 搞 求 曲 手 缺 权 群 瓢 壤 码 艘 瓦
溯 肃 崇 舌 升 盛 市 誊 成 甩 睡 瞬 搜 唾 凸 赢
歪 亡 戊 躺 逃 套 藤 锈 舔 蜓 彤 头 乙 彝 粤
庸 予 渊 霞 乡 卸 兄 羞 正 焉 廷 夜 遗 曹
冤 缘 凿 毡 整 瞩 丐 氏 尬 尴 幺

图8-9 练习输入难拆汉字

STEP 1 启动Word并切换到五笔字型输入法后，首先输入"浪"字，由于该字为4码汉字，所以将其拆分为"氵、丶、彐、ㄴ"这4个字根后，依次输入对应的五笔编码【I】、【Y】、【V】和【E】即可输入该汉字。

STEP 2 输入汉字"牢"，由于"牢"字是上下结构，并且最后一个笔画为"丨"，所以对应末笔交叉识别码为"22"，即对应键为【J】键。输入字根"宀、二、丨"和识别码依次对应键位【P】、【R】、【H】和【J】，即可输入该汉字，如图8-10所示。

STEP 3 输入汉字"豫"，由于该汉字可以拆分为4个以上的字根，所以只取其前3个和最后一个字根，然后根据"书写顺序"和"取大优先"原则，将其拆分为字根"マ、丁、ㄅ、豕"，对应的五笔编码为[【C】、【B】、【Q】和【E】，如图8-11所示为输入前3码后的效果。其中第2个字根为【B】键上"卩"字根的变形，不要将其误认为是【S】键上的"丁"字根，类似汉字还有"预、予、矛"等。

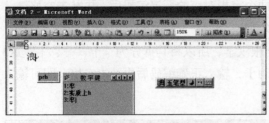

图8-10　输入汉字"牢"

图8-11　输入汉字"豫"

STEP 4 按照相同操作方法，继续输入其他难拆汉字。

在练习过程中，对于一些难记难拆分的汉字可以将其记录下来，认真分析其拆分方法，然后再加强练习，以此来提高汉字拆分的正确性和敏感性。

（三）练习输入文章

在输入文章时一定要养成按词输入的良好习惯，这样可以大大提升打字速度，同时还要注意简码字的输入方法。下面将在Word中练习输入如图8-12所示的文章，其具体操作如下。

成功的秘密

第一：赚钱依靠的是智慧，而不仅仅是努力。看看所有的打工者，赚到的钱只够生活所需，真正赚钱的是老板。赚钱是靠智慧，没有赚到钱的老板多是不懂经营管理，或是对市场看法不够透彻，死搬硬套不懂得创新。智慧是从书本和经验中总结得来。我们读了别人成功跟失败的经验，可以避免重踏别人失败的覆辙。吸取别人成功的经验，让我们能更快的成功。这样就减少了自己摸索的时间，加快成功的步伐。

第二：所有成功人士的道路并非一帆风顺，失败的人不是跌倒了，而是跌倒了没有再爬起来。试问谁没有跌倒过？常在河边走，哪有不湿脚的。在一个行业或一件事情上坚持下来，越有机会看到它的奥秘。成功就是坚持不懈的探索，去发现成功的秘诀。在创业成功之路上，我们要跌倒了再爬起来。坚持不懈，直到成功。

第三：所有赚钱的人都是在服务别人，你越是想赚钱越是赚不到钱。赚钱的秘籍就是给别人他想要的。赚钱其实就是一个供需关系，把别人想要的东西提供给他，那么你就成功了。

图8-12　练习输入的文章

STEP 1 启动Word 2003并切换到五笔字型输入法后，首先输入第一段文本，由于前两个汉字属于二字词组，所以采用二字词组取码规则，分别取其前两个字根"厂、丿、工、力"，对应的五笔编码为【D】、【N】、【A】和【L】，如图8-13所示为输入3码后的效果。其中"丿"字根根据运笔方向，将其归属于折笔画，这是拆分该汉字的难点。

STEP 2 第3个汉字"的"为一级简码，直接输入对应编码【R】键后，再补击空格键即可输入该汉字。

STEP 3 "秘密"也是二字词组，所以将其拆分为"禾、心、宀、心"这4个字根，对应的五笔编码为【T】、【N】、【P】和【N】。图8-14所示为输入3码后的效果。

124

图8-13 输入词组"成功"　　　　　　　　图8-14 输入词组"秘密"

STEP 4 成功输入第一段文本后，按【Enter】键换行，然后按照相同操作方法，继续输入文章中的其他内容。

任务三　综合测试打字速度

通过前面章节的学习和大量的打字练习后，相信用户已经掌握了中英文输入法的相关方法和技巧。下面将进行综合测试，检验自己的文字输入水平，并对不足的地方进行弥补。

一、任务目标

本任务将进行在线的中英文打字速度测试。通过本任务的学习，进一步巩固前面所学知识，同时还有助于了解自己的学习水平。

二、任务实施

利用金山打字通 2013进行在线屏幕对照测试，该测试模拟了实际应用中对照一篇文档输入的情景。其具体操作如下。

STEP 1 在金山打字通主界面中单击已登录的账户名，然后在弹出的下拉列表框中单击"设置"按钮✿。

STEP 2 在展开列表中单击"打字测试"按钮◎，进入"金山快快打字测试"页面，单击其中的◙按钮。

STEP 3 此时，将在网页中显示要测试的文章，其中包含了中文和英文的混合内容，在进行输入操作时，要随时准备输入法的切换操作。图8-15所示为正在测试页面。

图8-15　正在进行中英文录入测试

STEP 4 文章输入完成后，单击网页右上角的 **交卷 >>**，便可在打开网页中查看测试结果。

实训 综合练习中英文输入

【实训要求】

在Word中进行中英文输入练习，其中包括单个汉字、英文字母、标点符号等，如图8-16所示。通过练习训练文字的综合输入能力。

计算机（Computer）俗称电脑，是一种能够按照程序运行，自动、高速处理海量数据的智能电子设备。它可分为超级计算机、工业控制计算机和网络计算机等五类。1946年2月14日，世界上第一台电子计算机"电子数字积分计算机"（ENIAC Electronic Numerical And Calculator）在美国宾夕法尼亚大学问世了。这台计算器重28t（吨），功耗170kW，其运算速度为每秒5000次的加法运算，造价为$487000。ENIAC的问世具有划时代的意义，表明电子计算机时代的到来。计算机的发展经历了以下4个阶段。

1、第1代计算机：电子管数字计算机（1946—1958年）

硬件方面，逻辑元件采用真空电子管；软件方面采用机器语言、汇编语言。特点是体积大、功耗高、可靠性差和速度慢。

2、第2代计算机：晶体管数字计算机（1958—1964年）

硬件方面，逻辑元件采用晶体管；软件方面出现了以批处理为主的操作系统、高级语言及其编译程序。特点是体积缩小、能耗降低、可靠性提高和运算速度提高。

3、第3代计算机：集成电路数字计算机（1964—1970年）

硬件方面，逻辑元件采用中、小规模集成电路（MSI、SSI）；软件方面出现了分时操作系统以及结构化、规模化程序设计方法。特点是速度更快，而且可靠性有了显著提高。

4、第4代计算机：大规模集成电路计算机（1970年至今）

硬件方面，逻辑元件采用大规模和超大规模集成电路（LSI和VLSI）。软件方面出现了数据库管理系统、网络管理系统和面向对象语言等。

图8-16 练习输入的中英文混合文章

【实训思路】

本实训需要准确的键位指法、简码和词组的输入技巧以及中英文输入法的相互切换等相关知识点。要求达到120/分钟，错误率低于2%。

【步骤提示】

STEP 1 启动Word并切换到五笔字型输入法后，首先输入词组"计算机"，根据三字词组取码规则，应取其"讠、𥫗、木、几"这4个字根，编码为"YTSM"，如图8-17所示。

STEP 2 利用左手小指按住【Shift】键的同时，再利用右手小指敲击主键盘区中的数字键"9"，即可输入上挡字符"（"。

STEP 3 切换至英文输入法，并点亮状态指示灯区中的"Caps Lock"灯，然后敲击【C】键，输入大写字母"C"。

STEP 4 关闭状态指示灯区中的"Caps Lock"灯，进入小写字母输入状态，然后依次敲字母"o、m、p、u、t、e、r"对应键位，效果如图8-18所示。

图8-17 输入词组"计算机"

图8-18 输入小写英文字母

STEP 5　利用左手小指按住【Shift】键的同时，再利用右手小指敲击主键盘区中的数字键"0"，即可输入上挡字符"）"。

STEP 6　切换至五笔字型输入法，根据单字拆分原则、单字和词组的取码规则继续输入其他汉字。在输入过程中要牢记词组输入技巧，这样才能达到练习要求。

常见疑难解析

问：如果要测试自定义文章，该怎么办？

答：若是要测试自定义的文章，则可选择金山打字通2013软件。方法为：单击金山打字通主页面右下角的 打字测试 按钮，进入"打字测试"窗口后，在"课程选择"下拉列表框中单击 自定义课程 按钮，然后单击"立即添加"超链接，在打开的对话框中设置要添加的内容，最后单击 保存 按钮，即可成功添加自定义文章。此时，在"课程选择"下拉列表框中便可选择新添加的课程进行测试练习。

问：如何才能获得Word软件？

答：Word软件是Office的组件之一，需要购买Office安装光盘，安装Office后，才可以使用Word软件。除此之外，用户还可以到Microsoft公司的官方网站（www.Microsoft.com.cn）中下载Office试用版本使用。

拓展知识

1.【Z】键在五笔字型输入法中的应用

在五笔字型输入法中，【Z】键称为万能学习键，即帮助键。当遇到记不住字根所在键位或对某一汉字的拆分不确定时，【Z】键将会是一个很好的帮手。例如，在输入"佩"字时，记不清第2和第3个字根所在的键位，就可以用【Z】键来代替第2和第3码，即输入五笔编码【W】、【Z】、【Z】和【H】，此时将弹出如图8-19所示的候选框。

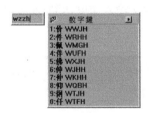

图8-19　使用【Z】键输入汉字

从图8-19中可以知道"佩"字的第2和第3个字根分别位于【M】和【G】键上，此时，只需按数字键【3】即可在文本插入点处输入"佩"字。

2. 容错码

容错码是指"容易"弄错的码或是允许按错的码，都称为"容错码"。"五笔字型"输入法中的"容错码"有近1000个，主要分为拆分容错和字型容错两种类型，下面分别介绍其含义。

- **拆分容错**：是指个别汉字的书写顺序容易弄错者。例如，"秉"字正确码为"丿、一、彐、小"，容错码则为"禾、彐、氵"。
- **字型容错**：是指个别汉字的字型分类不易确定者。例如，"占"字正确码为"口、二"，容错码则为"口、三"。

课后练习

（1）在记事本中，练习输入下面的英文短文，通过练习进一步提升打字速度和增强手指的击键灵敏度。要求不看键盘，实现盲打。

> The Joy of Living
>
> Joy in living comes from having fine emotions, trusting them, giving them the freedom of a bird in the open. Joy in living can never be assumed as a pose, or put on from the outside as a mask. People who have this joy don not need to talk about it; they radiate it. They just live out their joy and let it splash its sunlight and glow into other lives as naturally as bird sings.
>
> We can never get it by working for it directly. It comes, like happiness, to those who are aiming at something higher. It is a byproduct of great, simple living. The joy of living comes from what we put into living, not from what we seek to get from it.

（2）在Word中练习输入下面的长篇文章，通过练习可巩固前面学过的所有输入汉字的方法，并提升文章的整体输入速度。在输入过程中，要善于应用词组和简码输入的方法，这样更能提高输入汉字的速度。

> 我们的眼睛能准确地传递某些信息，所以人们常说，眼睛会说话。
>
> 生活中亦如此。如果别人一直盯着你看，你就会不由自主地审视自己，看看自己是不是有什么地方弄错了。如果一切正常，你就会对别人的这种盯梢很气愤。眼睛确实能说话，不是吗？
>
> 正常情况下，两人交谈时，目光接触能传达这样的意思：说者偶尔看着听者，以此确认听者是否在倾听。而对于听者来说，他会一直看着说话的人，以此告诉他，自己正认真听着。
>
> 假如与你说话的人直直地盯着你，你会感到惶恐不安。一般来说，说谎者往往就是看别人的时间过长，而令人起疑。因为他们以为直视别人的眼睛是诚实沟通的表现，结果恰恰相反。
>
> 实际上，长时间的相互凝视仅适合于情人之间，他们喜欢温柔的对视，用目光来传达言语无法表达的爱意。
>
> 显然，目光交流应根据双方的关系和特定场合来进行。

（3）在金山打字通中分别进行英文和中文测试，如图8-20所示。要求英文输入速度达到150字/分钟，正确率为100%；中文输入速度达到120字/分钟，速度为100%。在整个输入过程中严格按照正确的键位指法来进行，并实现盲打。

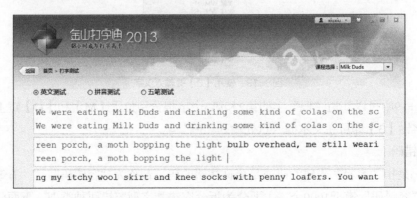

图8-20 英文测试

PART 9

项目九
练习其他输入法

情景导入

小白：阿秀，你的计算机中怎么有这么多我没见过的输入法呀？这些输入法都有什么作用呢？

阿秀：这些输入法都是外部输入法，且是目前使用量最大的一些输入法，大多数用户都会在这些输入法中选择一款使用。

小白：是吗？那这些输入法与我之前学的输入法相比有哪些好处呢？学习起来困难吗？有必要学习吗？

阿秀：小白，你的问题还真不少。这些输入法的功能肯定比你之前学会的输入法功能更加强大，如果你还想进一步提高文字的输入速度，那我建议你应该对这些输入法进行学习。

小白：原来是这样呀！我当然想提高我的输入速度啊，你快给我讲讲吧！

学习目标

- 熟悉并掌握98版王码五笔输入法的码元键位分布
- 掌握搜狗拼音输入法的基本输入规则和各种特色输入方式
- 熟悉五笔加加Plus输入法的智能造词和编码查询方法
- 熟悉智能五笔输入法的状态条和个性化使用环境

技能目标

- 掌握98版王码五笔输入法的使用方法
- 掌握搜狗拼音输入法的使用方法
- 熟悉五笔加加Plus输入法和智能五笔输入法的基本使用方法

任务一　练习98版王码五笔输入法

98版王码五笔输入法是在86版王码五笔输入法的基础上改进的一种输入法，只要熟悉并掌握了86版王码五笔字型输入法，98版王码五笔输入法就能快速上手。

一、任务目标

本任务的目标指在熟悉并掌握98版王码五笔输入法的特点和码元键盘分布后，利用该输入法输入一些文字，进一步巩固并掌握该输入法的使用方法。

二、相关知识

98版王码五笔字型输入法中固定的汉字层次、笔画和字型等编码与86版王码五笔输入法相同，因此，98版王码五笔字型输入法与86版五笔字型输入法的使用方法相似，主要包括键名码元、成字码元、键外汉字以及词组等。由于98版王码五笔输入法一些功能的改进，使得其文字输入效率较86版王码五笔输入法而言，得到了进一步提高。

下面就对98版王码五笔输入法的特点及其码元键盘分布的相关知识进行讲解。

1．98版王码五笔输入法的特点

98版王码五笔输入法。与86版王码五笔输入法相比，其特点体现在以下几个方面。

● **编码规则更简单**：98版王码五笔输入法编码方案中的"无拆分编码法"将总体形似的笔画结构归为同一字根，使得编码规则更加简单明了，从而避免了86版王码五笔输入法需要拆分字根的麻烦，因此98版王码五笔输入法在使用上更加方便简单。

● **字根选择更规范**：98版王码五笔输入法的字根和笔画顺序完全符合规则，解决了86版王码五笔输入法对某些规范字根无法取码的问题，使得汉字输入更加容易。

● **基本单元数量更多**：86版王码五笔输入法由125个字根构成汉字的基本单元，而98版王码五笔输入法中的字根总数则增加到245个。

● **处理汉字数量更多**：86版王码五笔输入法可以处理国标简体字中的6763个汉字，98版王码五笔输入法在此基础上，还能处理BIG5码的1 3053个繁体字以及中、日、韩3国大字符集中的21 003个汉字。

● **编辑码表**：98版王码五笔输入法允许使用码表编辑区自行对五笔字型编码进行编辑和修改，这是86版王码五笔输入法不支持的功能。

● **取字造词或批量造词**：98版王码五笔输入法可以从屏幕中取字造词并存入词库，也可通过词库生成器进行批量造词。

2．98版王码五笔输入法码元的键盘分布

98版王码五笔输入法把笔画结构特征相似、笔画形态和数量大致相同的笔画结构作为编码的单位，简称"码元"。其分布如图9-1所示，其分区规则也分为"横"、"竖"、"撇"、"捺"和"折"5个区，且区号和位号均与86版王码五笔输入法相同，只是两者码元在键盘上的分布情况有所不同。

图9-1 98版王码五笔输入法码元分布图

与86版王码五笔输入法相同，学习98版王码五笔输入法之前也需要熟记200多个码元、一级简码和键名汉字的分布。其中一级简码和键名汉字的分布与86版王码五笔输入法完全一样，只需通过如表9-1所示的码元速记口诀记忆全新的98版王码五笔输入法码元即可。

表9-1 98版五笔字型码元总表

键位	码元	助记词
G	王、丰、牛、夫、圭、丰、五、一	王旁青头五夫一
F	土、士、干、二、甲、十、寸、雨、甘、未	土干十寸未甘雨
D	大、犬、ナ、ア、三、县、古、石、厂、戊、其	大犬戊其古石厂
S	丁、西、木、甫、西	木丁西甫一四里
A	工、戈、共、升、廾、匚、七、业、弋	工戈草头右框七
H	目、虍、且、上、止、丨、卜、少、止、火、卜	目上卜止虎头具
J	日、曰、早、虫、刂、刂、刂、刂、四	日早两竖与虫依
K	口、吅、川、川	口中两川三个竖
L	田、口、车、皿、皿、甲、四	田甲方框四车里
M	山、由、贝、皿、冂、几	山由贝骨下框集
T	和、竹、彳、丿、攵、夂、乚	禾竹反文双人立
R	白、手、扌、少、才、斤、气、厂、丘、乂	白斤气丘乂手提
E	月、衣、皿、彡、豸、豖、力、毛、用、白	月用力豸毛衣白
W	人、亻、几、丷、夕	人八登头单人几
Q	金、钅、夕、鱼、夕、勹、匚、鸟、儿、夂、犭	金夕鸟儿犭边鱼
Y	言、文、讠、丶、亠、古、圭、方、丶	言文方点谁人去
U	立、六、丷、丷、斗、爿、舟、羊、疒、辛、门、丷、氵、丬	立辛六羊病门里
I	水、氺、氵、水、氶、小、肖、业	水族三点鳖头小
O	火、广、鹿、灬、米、业、业、小	火业广鹿四点米

续表

键位	码元	助记词
P	之、冖、宀、廴、辶、衤	之字宝盖补衤礻
N	已、己、尸、乙、心、忄、羽、尸、巳、匚、小	已类左框心尸羽
B	子、了、㔾、巛、耳、阝、卩、也、凵、乃、皮	子耳了也乃框皮
V	女、刀、九、巛、艮、艮、ヨ	女刀九艮山西倒
C	又、厶、巴、ス、マ、牛、马	又巴牛厶马失蹄
X	幺、弓、纟、母、比、互、毌、匕	幺母贯头弓和匕

三、任务实施

下面利用98版王码五笔输入法练习输入"替"、"其"、"氧"、"味"、"毯"、"兵"、"甜"和"霉"这几个文字，通过输入进一步熟悉该输入法与86版王码五笔输入法在汉字拆分时的区别。其具体操作如下。

STEP 1 将98版王码五笔输入法安装并添加到计算机中，启动记事本文件，切换到该输入法状态，输入"替"字的拆分编码"GGJ"即可输入该字。文字拆分结构和86版王码五笔输入法的拆分结构如图9-2所示。

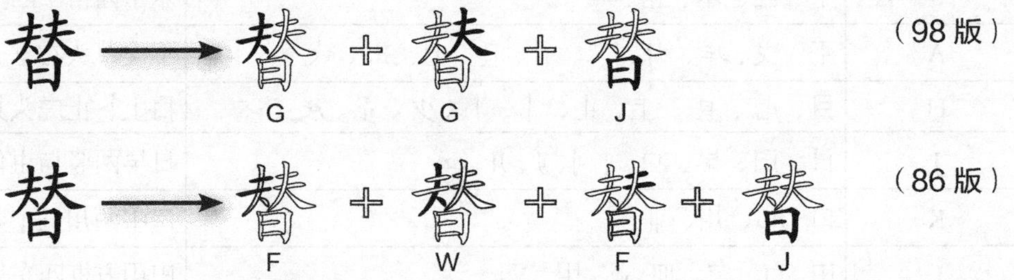

替 —— 替 + 替 + 替 （98版）
　　　　G　　G　　J

替 —— 替 + 替 + 替 + 替 （86版）
　　　　F　　W　　F　　J

图9-2 98版和86版中"替"字的不同拆分结构示意图

STEP 2 输入"其"字的拆分编码"DW"即可输入该字。文字拆分结构和86版王码五笔输入法的拆分结构如图9-3所示。

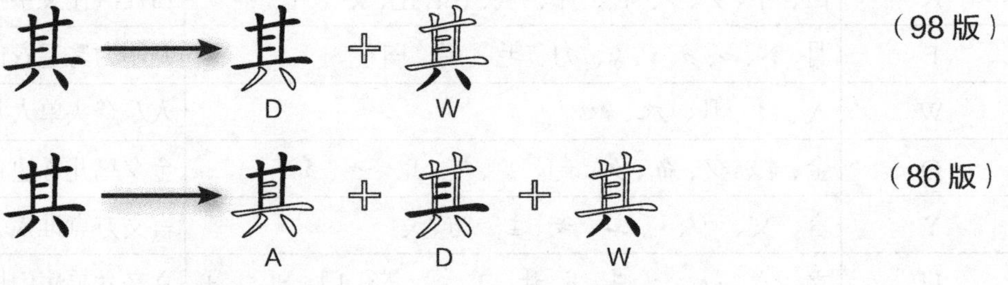

其 —— 其 + 其 （98版）
　　　　D　　W

其 —— 其 + 其 + 其 （86版）
　　　　A　　D　　W

图9-3 98版和86版中"其"字的不同拆分结构示意图

STEP 3 输入"氧"字的拆分编码"RUK"即可输入该字。文字拆分结构和86版王码五笔输入法的拆分结构如图9-4所示。

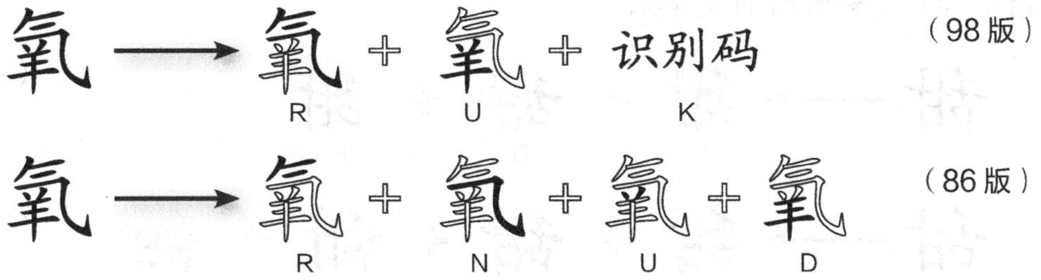

氧 —→ 氧 + 氧 + 识别码 （98版）
　　　　R　　U　　K

氧 —→ 氧 + 氧 + 氧 + 氧 （86版）
　　　　R　　N　　U　　D

图9-4　98版和86版中"氧"字的不同拆分结构示意图

STEP 4 输入"味"字的拆分编码"KFY"即可输入该字。文字拆分结构和86版王码五笔输入法的拆分结构如图9-5所示。

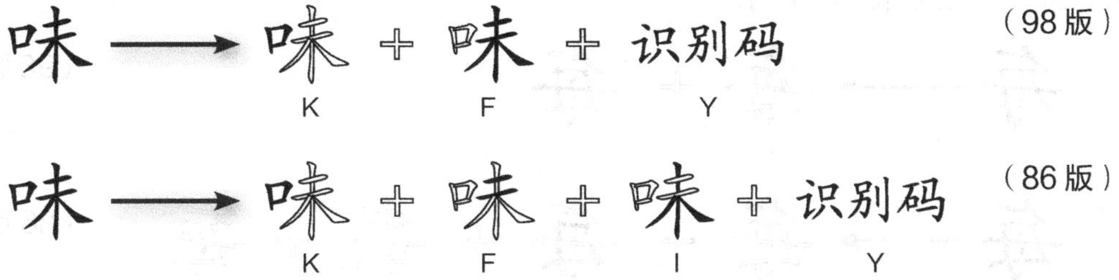

味 —→ 味 + 味 + 识别码 （98版）
　　　　K　　F　　Y

味 —→ 味 + 味 + 味 + 识别码 （86版）
　　　　K　　F　　I　　Y

图9-5　98版和86版中"味"字的不同拆分结构示意图

STEP 5 输入"毯"字的拆分编码"EOO"即可输入该字。文字拆分结构和86版王码五笔输入法的拆分结构如图9-6所示。

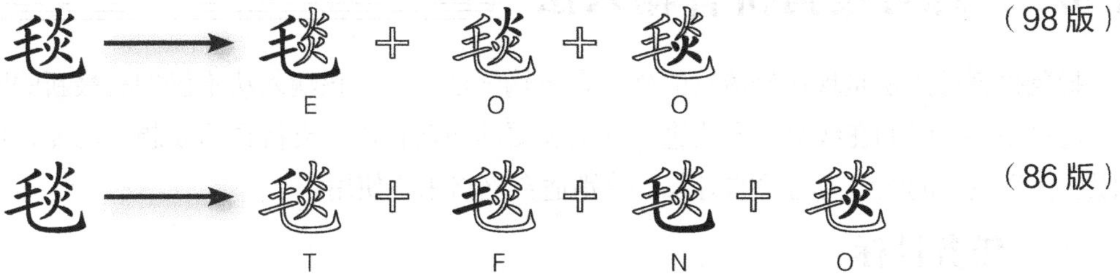

毯 —→ 毯 + 毯 + 毯 （98版）
　　　　E　　O　　O

毯 —→ 毯 + 毯 + 毯 + 毯 （86版）
　　　　T　　F　　N　　O

图9-6　98版和86版中"毯"字的不同拆分结构示意图

STEP 6 输入"兵"字的拆分编码"RW"即可输入该字。文字拆分结构和86版王码五笔输入法的拆分结构如图9-7所示。

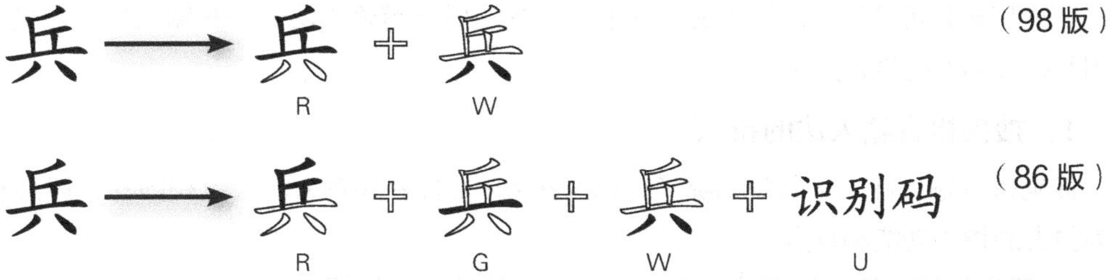

兵 —→ 兵 + 兵 （98版）
　　　　R　　W

兵 —→ 兵 + 兵 + 兵 + 识别码 （86版）
　　　　R　　G　　W　　U

图9-7　98版和86版中"兵"字的不同拆分结构示意图

STEP 7 输入"甜"字的拆分编码"TDF"即可输入该字。文字拆分结构和86版王码五笔输入法的拆分结构如图9-8所示。

图9-8　98版和86版中"甜"字的不同拆分结构示意图

STEP 8 输入"每"字的拆分编码"TX"即可输入该字。文字拆分结构和86版王码五笔输入法的拆分结构如图9-9所示。

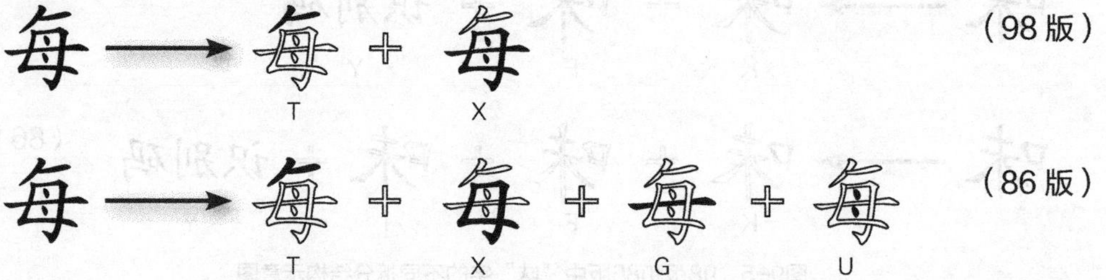

每 —→ 每 + 每　　　　　　　　（98 版）
　　　　T　　X

每 —→ 每 + 每 + 每 + 每　（86 版）
　　　　T　　X　　G　　U

图9-9　98版和86版中"每"字的不同拆分结构示意图

任务二　练习搜狗拼音输入法

　　搜狗拼音输入法是现在最流行的外部音形输入法之一，该输入法不仅拥有最新的网络词汇，还采用不定时的在线更新方式进行升级和更新当前词库，支持词语联想等功能，可以最大限度保证输入的词组为需要的对象，特别适合网络用户使用。

一、任务目标

　　本任务通过对搜狗拼音输入法的输入特色、状态条、属性设置等知识的学习，使读者掌握使用搜狗拼音输入法输入文字的方法。

二、相关知识

　　在使用搜狗拼音输入法输入文字之前，首先应掌握该输入法的一些输入特点、状态条的使用及相关属性的设置方法等。

1．搜狗拼音输入法的特点

　　搜狗拼音输入法的输入规则除了与微软拼音-简捷2010输入法大致相同外，还具有一些更为强大的输入功能和特点。

　　● **网络词库**：搜狗拼音输入法利用搜索引擎技术，根据搜索词生成互联网词库，能覆盖所有类别的流行词汇，使输入的词组更加准确。

　　● **首选词准确率第一**：搜狗拼音输入法最新的智能组词算法，应用了领先的搜索引擎技术和分析搜索引擎语料库的语言模型，使得该输入法选字框中的首选词准确率始终保持在第一位。

- **兼容多种输入习惯**：搜狗拼音输入法提供了全面的按键设置和外观选择，可以根据用户习惯随时设置输入法的输入规则和习惯，使其他输入法用户可以无缝适应搜狗拼音输入法。
- **功能丰富且易操作**：搜狗拼音输入法设计了许多人性化功能，如拼音纠错、符号表情、人名、网址输入模式、词语联想、自动在线升级词库等，使得文字输入更加快捷高效。

2. 搜狗拼音输入法的状态条

搜狗拼音输入法的状态条如图9-10所示，拖动"输入法名称"图标 S 可移动状态条位置，单击"中/英文切换"图标 中 可切换中/英文输入状态，单击"全/半角切换"图标 ↓ 可切换全/半角输入状态，单击"中/英文标点符号切换"图标 °, 可切换中/英文标点输入状态，单击"软键盘"图标 ⌨ 可选择并使用软键盘，单击"账户登录"图标 👤 可登录搜狗拼音输入法。下面重点介绍"打开皮肤小盒子"图标 👕 和"菜单"图标 🔧 的作用。

图9-10 搜狗拼音输入法的默认状态条

- **"打开皮肤小盒子"图标 👕**：单击该图标将打开"搜狗输入法皮肤小盒子"窗口，在其窗口可以选择更换搜狗拼音输入法的皮肤外观，也可以下载网络皮肤和Flash动态皮肤。图9-11所示即为将默认皮肤更换为"女孩"皮肤的效果。

图9-11 更改搜狗拼音输入法皮肤

- **"菜单"图标 🔧**：单击该图标，可以在弹出的下拉菜单中选择各种命令，从而实现对搜狗拼音输入法各种属性的设置，如输入设置、输入统计、输入法管理器和简繁转换等。

3. 设置搜狗拼音输入法

搜狗拼音输入法可以根据用户需要进行全方位设置，使其成为更具个性化的输入法。下面介绍搜狗拼音输入法的一些常见设置方法。

● **属性设置**：单击状态条上的"菜单"图标 ，在弹出的下拉菜单中选择"设置属性"命令，打开如图9-12所示的"搜狗拼音输入法设置"对话框，在其对话框中可对搜狗拼音输入法的输入风格、初始状态、按键习惯、外观、词库等进行设置。

● **向导设置**：单击状态条上的"菜单"图标，在弹出的下拉菜单中选择"设置向导"命令，打开如图9-13所示的设置向导对话框，通过搜狗拼音输入法的提示，可以一步步地将搜狗拼音输入法设置为适合自己的输入法。

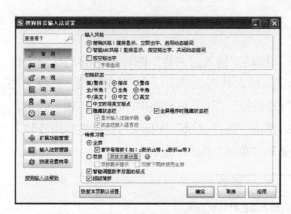

图9-12　属性设置

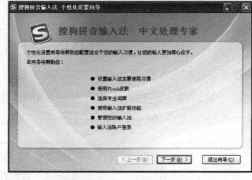

图9-13　设置向导

● **更换皮肤**：单击状态条上的"菜单"图标，在弹出的下拉菜单中选择"更换皮肤"命令，可在打开的子菜单中选择搜狗拼音输入法推荐的各种皮肤外观。

● **表情&符号**：单击状态条上的"菜单"图标，在弹出的下拉菜单中选择"表情&符号"命令，在打开的子菜单中选择某个命令后，系统将打开"搜狗拼音输入法快捷输入"对话框，在该对话框中可以查看各种表情或符号。图9-14所示即表示输入文字"哈哈"后，可在选字框中选择对应的表情符号"O(∩_∩)O哈哈~"。

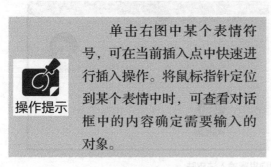

操作提示　单击右图中某个表情符号，可在当前插入点中快速进行插入操作。将鼠标指针定位到某个表情中时，可查看对话框中的内容确定需要输入的对象。

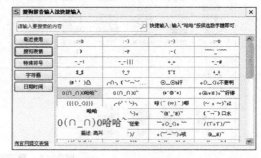

图9-14　查看表情符号

三、任务实施

对搜狗拼音输入法的皮肤和属性进行设置后，利用该输入法输入一段文字，进一步熟悉并掌握搜狗拼音输入法的使用方法。其具体操作如下。

STEP 1　在记事本中切换到搜狗拼音输入法，单击"菜单"图标，在弹出的下拉菜单中选择【更换皮肤】/【随便换肤】菜单命令，如图9-15所示。

STEP 2 此时，搜狗拼音输入法的皮肤外观将随机进行更换，效果如图9-16所示。在更换后的状态条上单击鼠标右键，在弹出的快捷菜单中选择"设置属性"命令。

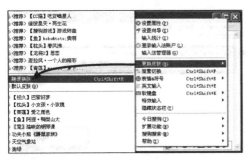

图9-15 更换皮肤

图9-16 设置属性

STEP 3 在打开的对话框中撤销选中"智能调整数字后面的标点"复选框，如图9-17所示。

STEP 4 单击左侧的 按键 按钮，撤销选中"中英文切换"栏中的"切换英文状态时保留输入窗口中已经存在的字符并上屏"复选框，如图9-18所示。

图9-17 设置特殊习惯

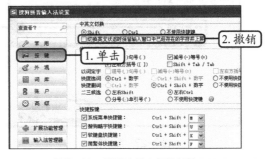

图9-18 设置中英文切换属性

STEP 5 单击左侧的 外观 按钮，将"显示模式"栏中"候选项数"下拉列表框中的数字更改为"7"，如图9-19所示，并单击 确定 按钮保存设置。

STEP 6 在记事本中输入全拼编码"youzhihuideren"，可见选字框中的候选数量为7个，且第一项就是需要的内容，如图9-20所示。

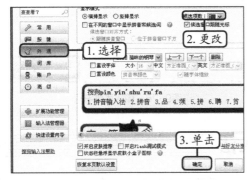

图9-19 设置选字框

图9-20 全拼输入

STEP 7 按空格键输入对象后，输入混拼编码"zongs"，如图9-21所示。

STEP 8 按【3】键输入"总是"，继续输入长文本编码"bazuibfzxs"，搜狗拼音输入法将自动联想并组合成最合适的内容，如图9-22所示。

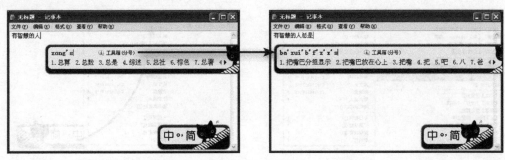

图9-21　混拼输入　　　　　　　　　　　图9-22　长文本输入

STEP 9 按【2】键输入需要的内容，继续输入"yumeizhir"，如图9-23所示。

STEP 10 按空格键输入词组后，继续输入长文本编码"zeshibaxinfangzzuili"，选字框同样会得到需要的词组，如图9-24所示。

图9-23　混拼输入　　　　　　　　　　　图9-24　长文本输入

STEP 11 按空格键输入内容后，继续输入编码"haha"，如图9-25所示。

STEP 12 按【3】键输入表情符号"^_^"，效果如图9-26所示。

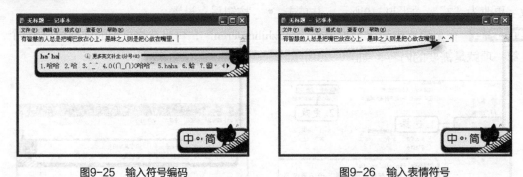

图9-25　输入符号编码　　　　　　　　　图9-26　输入表情符号

任务三　练习五笔加加Plus输入法

五笔加加Plus输入法是一款以五笔输入为主的优秀输入法软件。该输入法支持GBK，增加了。"自动调频"及"用分号和单引号选择重码"等多项功能，以简洁小巧、功能性强、实用性强等特点被许多用户作为首选的输入法。

一、任务目标

本任务的目标是了解五笔加加Plus输入法的输入规则，熟悉其属性设置和各种管理工具的使用，熟练利用该输入法输入需要的汉字。

二、相关知识

五笔加加Plus输入法没有专门的状态条，切换到该输入法，在当前窗口上方出现五笔加加Plus输入法的图标，如图9-27所示。单击该图标实现对五笔加加Plus输入法的设置操作。下面首先对五笔加加Plus输入法的基本输入规则、属性设置和管理工具的使用进行介绍。

图9-27 五笔加加Plus输入法

1．五笔加加Plus输入法的基本输入规则

使用五笔加加Plus输入法输入汉字的基本规则如下。

● **输入英文**：按【；】键进入英文输入状态，输入需要的英文后，按【Enter】键确认输入。

● **输入数字**：直接输入需要的数字即可。

● **选择重码字**：使用空格键可选择首位重码，使用键盘左侧的【Shift】键可选择第二重码，使用右侧的【Shift】键可选择第三重码。

● **中/英文切换**：按【Ctrl】键可切换中英文输入状态。

● **中/英文标点切换**：按【Ctrl + 。】组合键可切换中英文标点输入状态。

● **全/半角切换**：按【Shift + 空格】组合键可切换全/半角输入状态。

2．五笔加加Plus输入法的属性设置

切换到五笔加加Plus输入法后，单击窗口上的"五笔加加"图标，在弹出的下拉菜单中选择"设置"命令，打开如图9-28所示的"《五笔加加Plus》设置"对话框。利用该对话框可实现对五笔加加Plus输入法的属性设置，其中各参数的作用分别如下。

● **"每页重码最多个数"栏**：在该栏中可设置选字框中每页显示的重码个数，有"3个"和"5个"两种单选项可供使用。若单击选中"禁用数字键选择重码"复选框，将固定重码数为3个。

● **"翻页键"栏**：在该栏中可设置选字框翻页的键位，默认为【－】键和【＝】键，可根据用户使用习惯设置为【,】键和【.】键。

- **"回车键用于"栏**：在该栏中可设置按【Enter】键后的效果，有"清空编码"和"编码上屏"两种单选项可供使用。
- **"常用字范围"栏**：在该栏中可设置常用字符集的范围，一般为默认设置。
- **"转换开关"栏**：在该栏中可启用或禁用包括中文数字、四码自动调频和检索用户词库功能。
- **"其它"栏**：在该栏中可启用或禁用错误提示音和键位对重码选择的功能。
- **"中英切换"下拉列表框**：在该下拉列表框中可选择切换中/英文输入状态的键位。
- **"检索GBK汉字"复选框**：单击选中该复选框后可检索GBK汉字。

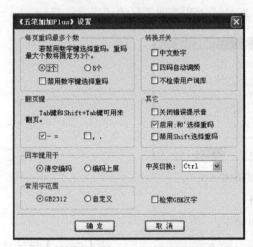

GBK编码在GB 2312—80标准基础上的内码进行扩展规范，使用了双字节编码方案，其编码范围从8140至FEFE，共23 940个码位，共收录21 003个汉字，完全兼容GB 2312—80标准，支持国际标准ISO/IEC10646-1和国家标准GB13000-1中的全部中日韩汉字，还包含BIG5编码中的所有汉字。

知识补充

图9-28　五笔加加Plus输入法的设置对话框

3. 五笔加加Plus输入法的各种管理工具

五笔加加Plus输入法包含词库管理工具、自定义编码工具、文件的备份和恢复等工具，各种工具的作用和使用方法分别如下。

- **词库管理工具**：单击"五笔加加"图标，在弹出的下拉菜单中选择【管理工具】/【词库管理工具】菜单命令，打开如图9-29所示的对话框，单击 导出词条… 按钮可将五笔加加词库中的所有词条导出到记事本文件中；单击 导入词条… 按钮可将当前记事本文件中的词条添加到当前词库中。
- **自定义编码工具**：单击"五笔加加"图标，在弹出的下拉菜单中选择【管理工具】/【自定义编码工具】菜单命令，打开如图9-30所示的对话框，单击 编辑自定义码表 按钮可在打开的对话框中自造词组。

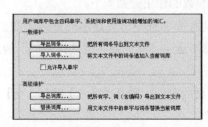

图9-29　词库工具

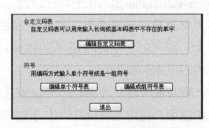

图9-30　自定义编码

● **文件备份和恢复工具**：单击"五笔加加"图标，在弹出的下拉菜单中选择【管理工具】/【生成备份文件】菜单命令，可在打开的"另存为"对话框中对五笔加加文件进行备份，如图9-31所示。单击"五笔加加"图标，在弹出的下拉菜单中选择【管理工具】/【从备份文件恢复】菜单命令，可在打开的"打开"对话框中恢复五笔加加文件，如图9-32所示。

图9-31　备份文件

图9-32　恢复文件

知识补充　文件的备份和恢复有助于避免文件损坏造成数据丢失或软件失常等后果。其中，备份是将文件相关数据导出到计算机中的其他位置保存，恢复则是利用备份出的数据对文件进行还原处理。

三、任务实施

下面将利用五笔加加Plus输入法输入一段文字，通过此任务进一步熟悉该输入法的相关功能。其具体操作如下。

STEP 1　在记事本窗口中切换到五笔加加Plus输入法状态，单击窗口右上方的"五笔加加"图标，在打开的下拉菜单中选择【管理工具】/【自定义编码工具】菜单命令，如图9-33所示。

STEP 2　打开"《五笔加加》自定义编辑"对话框，单击 编辑自定义码表 按钮，如图9-34所示。

图9-33　自定义编码　　　　　　　　图9-34　编辑自定义码表

操作提示　在窗口中的"五笔加加"图标上按住鼠标左键不放并拖动鼠标，可改变"五笔加加"图标在窗口中的显示位置。

STEP 3 打开"《五笔加加》编辑自定义码表"对话框，在其列表框中输入"prj=《新楼盘开发项目计划》"，单击窗口下方的 存盘退出 按钮，如图9-35所示。

STEP 4 关闭对话框，在记事本窗口中输入"prj"，此时，选字框将显示对应的自造词内容，如图9-36所示。

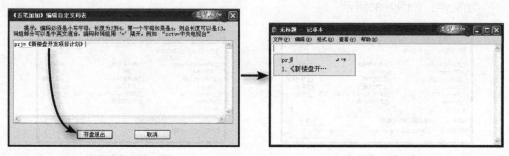

图9-35　输入字体　　　　　　　　　　　　　图9-36　输入编码

STEP 5 按空格键直接输入对应的汉字，继续输入文字"是"的一级简码"j"，如图9-37所示。

STEP 6 按空格键输入"是"字，按【；】键输入英文字母，如图9-38所示。

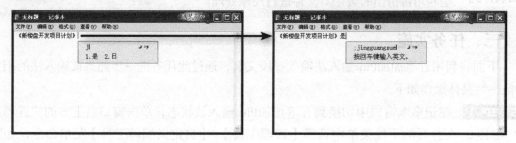

图9-37　输入编码　　　　　　　　　　　　　图9-38　输入英文

STEP 7 按【Enter】键得到对应的英文内容，输入"公司"一词对应的编码"wcng"，得到该词组，如图9-39所示。

STEP 8 继续输入其他内容，熟悉五笔加加Plus输入法，参考效果如图9-40所示。

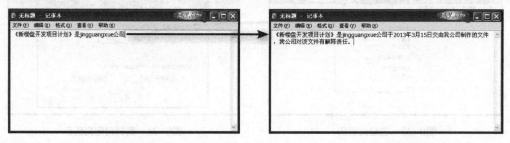

图9-39　输入词组　　　　　　　　　　　　　图9-40　输入其他内容

任务四　练习智能五笔输入法

　　智能五笔输入法又称智能陈桥五笔输入法，该输入法是一套功能强大的汉字输入软件，内置了GB 18030标准，能输出2700多汉字编码的五笔，具有智能提示、语句输入、语句提示、简化输入、智能选词等多项非常实用的独特技术，支持繁体汉字输出、各种符号输出和大五码汉字输出的特点，内含丰富的词库和强大的词库管理功能，是许多用户喜爱的一款五笔字型输入法软件。

一、任务目标

本任务的目标是学会智能五笔输入法的安装，熟悉智能五笔输入法的状态条和各种输入规则，并能利用该输入法流畅地进行文字输入。

二、相关知识

智能五笔输入法是一款收费的输入法软件，下面将对该输入法的安装、状态条的使用以及一些个性化设置进行相关介绍。

1．智能五笔输入法的安装

智能五笔输入法软件可在其官方网站（www.znwb.com）下载，完成后双击▓图标即可启动安装程序。单击如图9-41所示的▓▓▓▓按钮，将打开如图9-42所示的对话框，输入购买软件后得到的用户编号，并填写用户姓名和单位信息，然后单击▓▓▓▓按钮，在打开的如图9-43所示的对话框中设置安装路径，最后单击▓▓▓▓按钮即可完成安装。

图9-41　安装向导

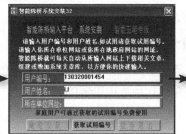
图9-42　输入信息

图9-43　设置安装位置

知识补充　　　　若未购买智能五笔输入法，可在如图9-42所示的安装过程中单击 ▓获取试用编号 按钮进行试用操作，觉得满意后再购买使用。

2．认识智能五笔输入法的状态条

切换到智能五笔输入法后，将显示如图9-44所示的输入法状态条，下面对状态条上各部分的作用进行讲解。

图9-44　智能五笔输入法的状态条

● **输入法切换图标**▓▓▓▓：单击该图标可在五笔字型输入法和拼音输入法之间进行切换。

● **全/半角切换图标**▓：单击该图标可在全角和半角输入状态之间切换，按【Shift+空格】组合键也可实现该图标的功能。

- **软键盘图标▒:** 单击该图标可打开智能五笔输入法提供的软键盘界面,如图9-45所示,再次单击该图标可关闭软键盘。
- **用户体验图标★:** 单击该图标可打开智能五笔输入法的官方网页,从中可查看用户体验的各方面数值,如积分、等级等。
- **增加词组图标▒:** 单击该图标可打开"智能陈桥增加词组快捷操作"对话框,在其中可增加需要的词组,如图9-46所示。

图9-45 软键盘界面 　　　　　　图9-46 增加词组

- **保密开关图标▒:** 单击该图标可打开和关闭保密状态,当该图标显示为▒状态时,输入的内容不会被记录,从而保护用户隐私。
- **网上购物图标▒:** 单击该图标可在打开的网页中进行购物,此功能是智能五笔输入法与其他公司合作的产品,与输入法自身无关。

3.智能五笔输入法的个性化设置

在智能五笔输入法的状态条上单击鼠标右键,可利用弹出的快捷菜单对该输入法进行各种设置,如图9-47所示。下面介绍几种常用设置的实现方法。

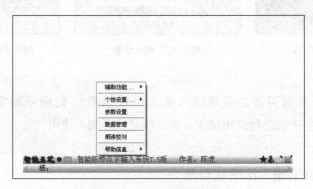

图9-47 个性化设置快捷菜单

- **辅助功能:** 选择快捷菜单中的"辅助"命令,可在弹出的子菜单中选择"增加词组"、"删除词组"和"删除记忆语句"命令,分别用于实现对词组和语句的增加和删除功能。
- **个性设置:** 选择快捷菜单中的"个性设置"命令,可在弹出的子菜单中选择输入法类型,进一步设置使用环境,使智能五笔输入法的词库更接近与之相应的环境,便于汉字的高效输入。"个性设置"如图9-48所示。

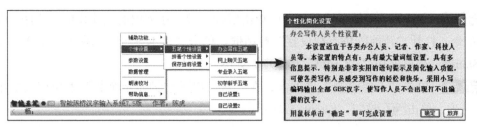

图9-48　更改输入法环境

● **参数设置：**选择快捷菜单中的"参数设置"命令，将打开"智能陈桥参数设置"对话框，在其中可对输入法的基本参数、词组、输出参数、窗口、五笔参数、拼音参数等进行设置，如图9-49所示。

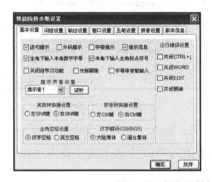 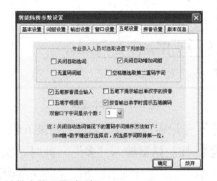

图9-49　智能五笔输入法的参数设置对话框

● **数据管理：**选择快捷菜单中的"数据管理"命令，将打开"智能陈桥数据管理"对话框，在其中可实现对词组、文库、数据备份、编码修改、皮肤制作和安装等各种数据的管理工作，如图9-50所示。

图9-50　智能五笔输入法的数据管理对话框

三、任务实施

下面将对智能五笔输入法进行一系列设置，利用该输入法输入一段文字，以此巩固智能五笔输入法的设置和使用方法。其具体操作如下：

STEP 1 在智能五笔输入法状态条中单击鼠标右键，在弹出的快捷菜单中选择"参数设置"命令，打开"智能陈桥参数设置"对话框。单击"基本设置"选项卡，依次单击选中"左Shift键"单选项和"左Ctrl键"单选项，如图9-51所示。

STEP 2 单击"五笔设置"选项卡，在"双窗口下字词显示个数"下拉列表框中选择"9"选项，单击 确定 按钮，如图9-52所示。

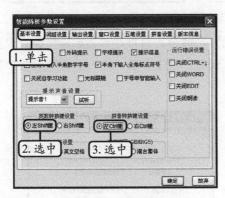

图9-51 基本设置　　　　　　　　　　图9-52 五笔设置

STEP 3 在记事本窗口中切换到智能五笔输入法，输入"qq"，如图9-53所示。

STEP 4 按空格键输入"多"，此时，状态条上方将同步显示文字输入速度，下方将根据输入的内容自动进行词语联想，如图9-54所示。

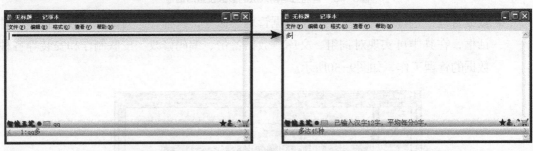

图9-53 输入单字编码　　　　　　　　图9-54 词语联想

STEP 5 继续输入编码"etny"，由于智能五笔输入法默认的词组较多，因此可直接在选字框中看到需要的词组内容，如图9-55所示。

STEP 6 按空格键输入词组后，继续输入其他内容，参考效果如图9-56所示。

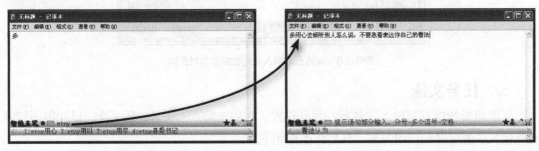

图9-55 输入词组编码　　　　　　　　图9-56 输入其他内容

实训 "生活小贴士"输入测试

【实训要求】

将如图9-57所示的4段生活小贴士内容分别通过对应的输入法输入，用以练习这些输入法的使用方法。

【实训思路】

将4种输入法安装并添加到系统中，打开记事本窗口，依次利用这些输入法输入对应的内容。

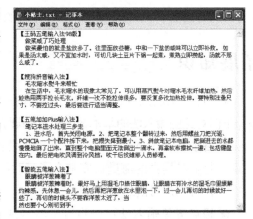

图9-57 生活小贴士

【步骤提示】

STEP 1 切换到王码五笔输入法98版，熟悉该输入法码元的键位分布情况后，按字词为主的输入方式输入对应的内容。

STEP 2 切换到搜狗拼音输入法，以全拼和混拼的方式，按成句为对象输入对应的内容。

STEP 3 切换到五笔加加Plus输入法，以字词为标准输入对应的内容，注意其中英文单词的输入方法。

STEP 4 切换到智能五笔输入法，利用词语联想功能输入对应的内容。

常见疑难解析

问：王码五笔输入法98版可以自造词吗？

答：可以。在该输入法的状态条中单击鼠标右键，在弹出的快捷菜单中选择"手工造词"命令，打开"手工造词"对话框，单击选中"造词"单选项后，在"词语"文本框和"外码"文本框中输入自造词内容，单击 添加(A) 按钮即可完成创建。

问：我使用的搜狗拼音输入法状态条中为什么没有菜单设置图标 和软键盘图标 呢？

答：这是因为使用的输入法皮肤不是默认的外观，如果应用了其他皮肤，状态条将按照该皮肤设定的内容显示。如需解决这个问题，可以将皮肤更换为默认皮肤，其方法为：在状态条中单击鼠标右键，在弹出的快捷菜单中选择【更换皮肤】/【默认皮肤】菜单命令，也可直接在快捷菜单中选择菜单设置和软键盘对应的命令来启动相应的功能。

问：怎样利用五笔加加Plus输入法快速输入各种中文数字？

答：在窗口右侧的"五笔加加"图标上单击鼠标右键，在弹出的快捷菜单中选择"设置"命令，在打开的对话框中的"转换开关"栏中单击选中"中文数字"复选框，确认设置。此后，当输入"365"时，选字框将出现"三六五"、"三百六十五"和"叁佰陆拾伍"3种选项，按【Enter】可以输入"365"，按空格键将输入"三六五"，按左侧的

【Shift】键将输入"三百六十五"，按右侧的【Shift】键将输入"叁佰陆拾伍"。

问：智能五笔输入法可以修改汉字编码吗？

答：可以。在其状态条中单击鼠标右键，在弹出的快捷菜单中选择"数据管理"命令，在打开的对话框中单击 编码修改 按钮，在下方的文本框中输入需要修改的汉字，即可修改编码。

拓展知识

除前面介绍的几种输入法之外，目前广受用户欢迎的拼音输入法和五笔输入法还有许多，下面对这些输入法的基本情况进行拓展介绍。

- **谷歌拼音输入法**：谷歌拼音输入法的选词和组句准确率高，基本上能实现随想随打。其提供的海量词库整合了互联网上的流行语汇和热门搜索词，并可主动下载最符合用户习惯的语言模型。
- **极点五笔输入法**：极点五笔输入法是一款完全免费的、以五笔输入为主、拼音输入为辅的中文输入软件。该输入法同时支持86版和98版两种五笔编码，全面支持GBK，具有五笔拼音同步输入、屏幕取词、屏幕查询、在线删词、在线调频等特色功能。
- **万能五笔输入法**：万能五笔输入法是一种集五笔、拼音、英文、笔画等多种输入方法于一体的32位外挂式输入法应用程序，该输入法具备许多其他输入法无法比拟的特色。包括高效输入、编码反查、智能记忆、重复上屏和自定义词组等多种功能。

课后练习

分别利用王码五笔输入法86版、搜狗拼音输入法、五笔加加Plus输入法和智能五笔输入法输入下面的文字，在进一步熟悉各种输入法的同时，选择适合自己输入习惯的输入法进一步学习和练习。

故事围绕着一对老年的音乐家夫妇而展开，他们拥有相同的嗜好和话题，在人生漫长的旅途中相互扶持相互依靠，平淡的日子过得惬意而寻常，但病痛的悄然来袭却残忍的破坏了这一平静的幸福，因手术失败，Anne的病情一度恶化，工作繁忙、烦恼一堆的女儿Eva无暇照顾，只能由年迈的Georges照料，病痛的折磨加上心态的变化，爱将如何继续？何以称之为爱？在Haneke一贯冷峻、克制而静谧的镜头中，见证着无奈而无常现实下的残忍与悲凉，而大多时候在难以消除的痛苦和难以挽救的灾难面前，让人看似费解的极端行径或许也是爱的一种强烈表达。

场面的调度与镜头的切换，在局限的空间中Hanek更是尽显功力，除了开头的音乐会外，全片下来聚焦的场景基本上都围绕着公寓而展开，在优雅、美妙、伤感而惆怅的旋律中，两位大神级别的演员Jean-Louis Trintignant与Emmanuelle Riva贡献了最为精彩绝伦的表演，从他们的身上可以说看不到任何一点演绎的痕迹，无论是肢体语言、心理变化，还是细腻的情感表达，可以说都做到了淋漓尽致的完美，真实到令人痛心。Hanek的镜头语言总在平缓冷峻的氛围中充满了沉默的痛和伤，但即便如此还是会因此而沉迷，那种裹着残酷感的光影美学直抵心底的震撼实在让人过目难忘。

职业素养　　为了实现高效输入，许多工作人员习惯上网搜索和复制文字资料，这样的做法并不可取，不仅属于不劳而获，而且还有可能使得到的内容错误量大，不符合实际需要。因此，职业人员应该通过手动输入的方式得到高质量数据。

附录 APPENDIX

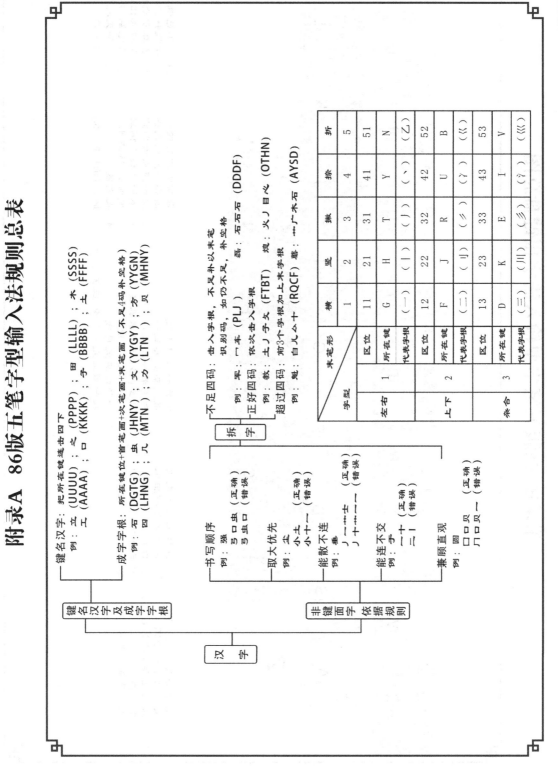

附录B 86版五笔字型输入法字根键盘总图

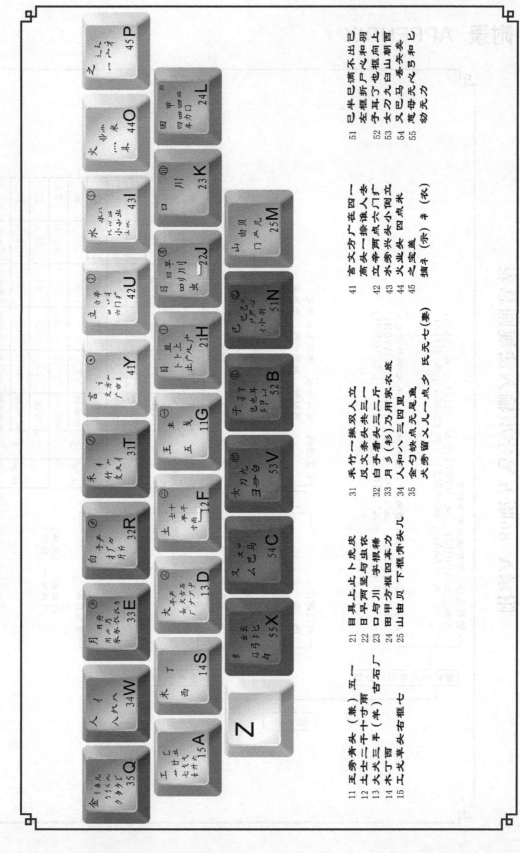

11 王旁青头戋（兼）五一
12 土士二干十寸雨
13 大犬三羊（羊）古石厂
14 木丁西
15 工戈草头右框七

21 目具上止卜虎皮
22 日早两竖与虫依
23 口与川，字根稀
24 田甲方框四车力
25 山由贝，下框骨头几

31 禾竹一撇双人立
　　反文条头共三一
32 白手看头三二斤
33 月彡（衫）乃用家衣底
34 人和八，三四里
35 金勺缺点无尾鱼
　　犬旁留叉儿一点夕，氏无七（妻）

41 言文方广在四一
　　高头一捺谁人去
42 立辛两点六门疒
43 水旁兴头小倒立
44 火业头，四点米
45 之宝盖，摘礻（示）衤（衣）

51 已半巳满不出己
　　左框折尸心和羽
52 子耳了也框向上
53 女刀九臼山朝西
54 又巴马，丢矢矣
55 慈母无心弓和匕
　　幼无力

附录C 98版五笔字型输入简码元键盘分布图

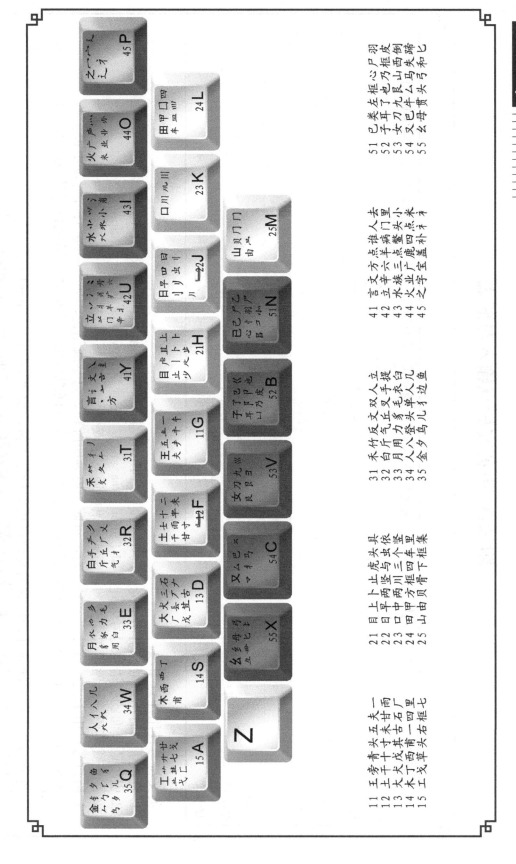

11 王旁青头五夫一
12 土干十寸未甘石厂
13 大犬戊丁其古石
14 木丁西甫一四里
15 工戈草头夹右框七

21 目具上卜止头夹一
22 日早两竖与虫依
23 口中两框川三个坚
24 田甲方框四车里
25 山由贝骨骨下框集

31 禾竹反文双人立
32 白斤气丘叉毛表依
33 月用力多毛衣表几
34 人入登头头单人几
35 金夕鸟儿乡儿边鱼

41 言文方点谁人去
42 立辛六羊病门点小
43 水族业广点整头米
44 火业广鹿四点米补
45 之字宝盖朴补补

51 已类左框心尸羽
52 子耳了也乃框皮
53 女刀九良山两倒
54 又巴牛厶马头弓和
55 幺母贯头弓和七

附录D 中英文标点输入对照表

标点符号名称	中文标点样式	英文标点样式	标点符号名称	中文标点样式	英文标点样式
逗号	，	,	省略号	……	…
句号	。	.	破折号	——	—
问号	？	?	撇号	无	'
感叹号	！	!	括号	（）	()
分号	；	;	斜线号	无	/
冒号	：	:	顿号	、	无
单引号	' '	" "	书名号	《》	无
双引号	" " 或 「 」	" "	着重号	·	无

英文符号使用注意事项：

1. 直接引用语时用逗号与引用语分开，如 "This flower is very beautiful，" said Tom.
2. 引用语里面的引语用逗号隔开，如 "When Tom said，'Not Funny'，I'm very happy."
3. 在英式英语中通常用单引号，在美式英语中通常用双引号。
4. 破折号可用于代替冒号或分号，表示对前面内容的解释、总结或结论，如 "—he is a good gay." "rate."
5. 复合名词、多个词组组成的复合名词，由前缀和复合名词组成的复合词用破折号连接，如 "first—rate."
6. 两个及夹在中间的介词组成的复合词用破折号连接，如 "mother—in—law."
7. 撇号有时与S连用构成名词、数字或缩略语的复数形式，如 "during the 2010's ."